초보 연구자의
논문작성을 위한

JASP
실전 통계분석
쉽게 배우기

초보 연구자의 논문작성을 위한

JASP 실전 통계분석 쉽게 배우기

펴낸날 | 2023년 2월 3일 초판 1쇄
지은이 | 유성모
만들어 펴낸이 | 정우진 강진영
펴낸곳 | 121-856 서울 마포구 토정로 222 한국출판콘텐츠센터 420호
편집부 | (02) 3272-8863
영업부 | (02) 3272-8865
팩　스 | (02) 717-7725
홈페이지 | www.bullsbook.co.kr
이메일 | bullsbook@hanmail.net
등　록 | 제22-243호(2000년 9월 18일)

황소걸음
아카데미
Slow & Steady

ISBN 979-11-86821-81-7 93310

초보 연구자의
논문작성을 위한

JASP
실전 통계분석
쉽게 배우기

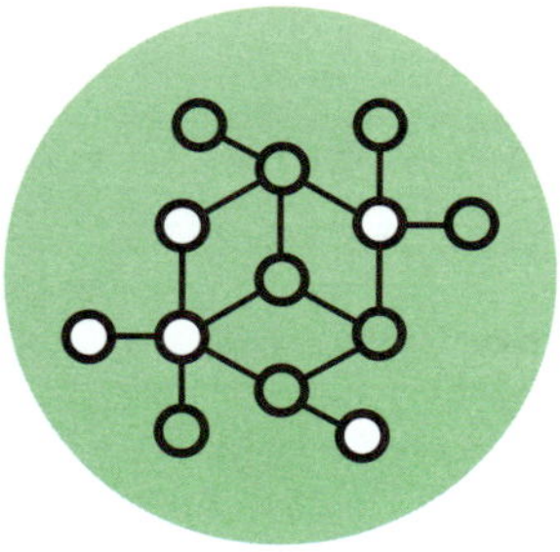

유성모 지음

황소걸음
아카데미
Slow & Steady

머리말 Preface

실증기반연구를 수행하는 석박사 과정의 대학원생 및 연구자를 대상으로 강의를 하고 연구에 대한 조언을 하면서 느껴온 것은 통계적 방법에 대한 전문서적과 통계 패키지를 이용하여 통계분석을 수행하는 방법에 대한 책은 많지만 연구자의 입장에서 적절한 통계적인 방법을 제시하고, 출력된 결과에 대한 올바른 해석을 제공하는 책은 찾아보기 힘들다는 것이었다. 이와 같은 현실적인 아쉬움을 기반으로 저술한 책이 《논문작성을 위한 SPSS 통계분석 쉽게 배우기》와 《논문작성을 위한 SPSS 실전 통계분석: 매개효과, 조절효과, 위계적 회귀분석을 중심으로》, 그리고 《논문작성을 위한 SPSS 실전 통계분석 쉽게 배우기》 등이다.

인공지능, 빅데이터 등의 단어가 세상의 관심을 끌면서 자연스럽게 통계학에 대한 일반인의 관심도 증가하고 있다. 빅데이터 분석을 위한 프리웨어 리서치 언어 중의 하나가 R-언어이다. 하지만 R-언어를 다룰 수 있는 정도의 지식과 노력을 겸비한 연구자가 되는 길은 쉽지 않으며, 더구나 관련 분야 전공자가 아닌 경우에는 그 어려움이 큰 것이 현실이다. 더불어 SAS, SPSS, Stata 등과 같은 전통적인 통계 패키지의 경우 적지 않은 사용료를 지불하여야 한다. 사용료를 지불할 수 있는 규모의 대학, 연구소 등에 근무하거나 소속된 연구자의 경우에는 문제가 되지 않지만, 그런 환경에 처해 있지 않은 연구자의 경우 매우 어려움이 큰 현실이다. 이로 인하여 교육 및 연구 목적으로 프리웨어 통계 패키지에 관심을 갖던 중 저자의 눈에 들어온 프로그램이 jamovi, PSPP, JASP 등이다. 그중에서 저자가 생각하기에 상대적으로 편하고, 다양한 분석이 제공되고 있으며, 관계된 국내 서적이 적은 JASP를 선택하여 교재를 집필하게 되었다.

이 책은 실증기반 초보 연구자를 위한 JASP 통계분석 안내서이다. JASP 홈페이지에서 제공되고 있는 안내서가 있기에 통계분석에 대한 지식과 언어 문제가 없는 독자는 그 안내서를 보아도 스스로 할 수 있으리라 생각한다. 하지만 이 책은 실제적인 연구자가 연구현장에서 마주할 수 있는 다양한 형태의 연구문제와 연구가설을 토대로 그에 적절한 통계분석 방법을 제시하고, JASP 분석결과를 해석하고 활용하는 방법을 다루고 있다는 점에서 안내서와 가장 큰 차별성이 있다. 이 책에서 다루고 있는 내용은 본질적으로 《논문작성을 위한 SPSS 실전 통계분석 쉽게 배우기》와 다름이 없다. 차이점이 있다면 일부 어색하고 비전문적으로 번역된 SPSS 한글 버전으로 책의 내용이 구성되어 있는 것에 반하여, 이 책은 번역되지 않은 JASP 버전을 사용하고 있으며, 학계에서 일반적으로 사용하고 있는 용어로 분석결과를 해석하고 있다는 것이다.

이 책은 여섯 개의 장으로 구성되어 있다. 1장~3장은 매우 기초적인 내용을 담고 있으며 다음과 같은 원칙으로 책을 구성하고 있다.

첫째, 통계모형을 비롯한 수학적인 기호 및 수식에 익숙하지 않은 연구자를 위하여 수학적인 기호는 가급적 자제한다. 둘째, 통계분석 모형 중심이 아닌 연구자가 실제 연구현장에서 접할 수 있는 연구문제 중심으로 기술한다. 셋째, JASP 분석결과에 대한 해석과 이를 이용하여 논문을 작성할 수 있도록 실질적인 내용을 기술한다. 4~6장은 연구자가 학술논문 투고 또는 학위논문 작성을 위해서 일반적으로 많이 쓰고 있는 매개효과 분석, 조절효과 분석, 위계적 회귀분석 등과 같은 중급 수준의 통계분석 방법을 다루고 있기에 최소한으로 필요한 정도의 수식을 사용하고 있다.

이 책이 세상에 나올 수 있었던 가장 큰 이유는 저자가 재직하고 있는 대학의 대학원생, 동료 연구자 등의 지속적인 요구 덕분이라고 생각한다. 아울러 지식사회 구현에 앞장서고자 하는 황소걸음아카데미의 강진영≪ 이사님의 제안에도 감사드린다.

아무쪼록 이 책이 실증 데이터를 기반으로 과학적인 연구를 진행하는 석박사 과정의 대학원생, 연구원, 통계학을 전공하지 않은 교수님들에게 도움이 되어 관련 학문의 과학성에 기여할 수 있기를 바란다. 마지막으로 책의 필요성에 대한 고민에 비하여 집필 기간이 짧다 보니 미처 고려하지 못하였거나 발견하지 못한 오류가 있으리라고 본다. 그 모든 것은 저자의 불찰이며 독자의 발전적인 피드백은 언제든지 환영할 것이다.

2023년 1월 5일

太刻 유성모

차례 Contents

1장

JASP 실행하기

01 JASP 다운로드 및 실행

이 책에서 다루고 있는 JASP는 Jeffrey's Amazing Statistics Program의 약자로 Bayesian 통계학의 창시자라고 불리는 Harold Jeffreys를 기념하기 위하여 만들어진 프리웨어 통계 패키지이다.

JASP는 사용자가 단순히 마우스를 이용해서 메뉴를 선택하고, 원하는 작업을 클릭하여 조종할 수 있으며, 연구자가 진행하는 모든 분석결과를 화면에 실시간으로 보여주고 있다는 점에서 매우 유용한 통계 패키지이다.

JASP는 웹사이트 'https://jasp-stats.org/download/'에서 무료로 다운로드할 수 있으며, 작동되는 운영체계는 Windows, macOS, Linux이다. 이 책을 집필 중인 2022년 11월 기준으로 현재 사용자가 사용할 수 있는 최신 버전은 JASP 0.16.4이다. 이 책에서는 Windows 환경에서 다운로드 받아 설치하였다.

설치 후 JASP 아이콘을 더블 클릭하면 다음과 같은 화면이 뜬다. 버전이 업데이트될 경우 JASP 화면에서 자동으로 안내하기 때문에 독자는 최신 버전으로 다운 받아서 실행하면 된다. 최신 버전이라고 하여도 내용이 추가적으로 붙여지는 것이지 기본적인 분석방법과 결과가 변하는 것이 아니기 때문이다.

JASP 패키지의 메인 메뉴에 접근하기 위해서는 왼쪽 상단에 위치한 주역의 괘 중 하늘을 뜻하는 건(乾)괘 또는 상병 계급장처럼 생긴 'Show main menu' 아이콘 ≡을 클릭하면 된다.

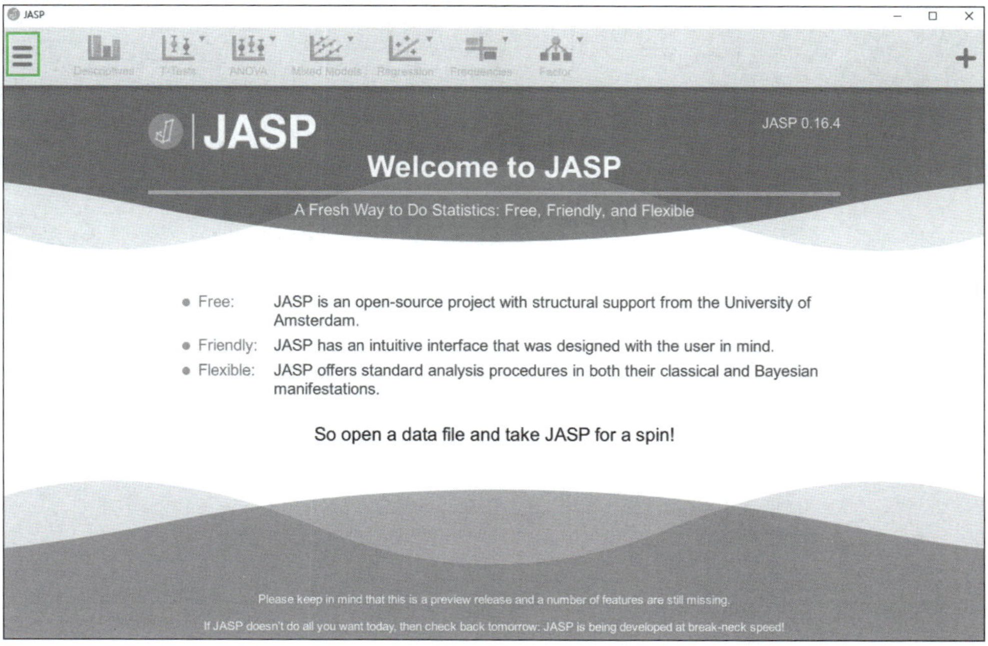

이 책에서 다루고 있는 예제 데이터(Data1.jasp, Data2.jasp)와 실습 데이터(Data3.jasp)는 도서출판 황소걸음 홈페이지(http://www.bullsbook.co.kr/) 자료실에서 받을 수 있으며, 예제 및 실습 데이터는 'C:\JASP' 폴더에 저장되어 있다고 가정한다.

이제 메인 메뉴에서 'Open → Computer'를 선택한 후 데이터가 저장되어 있는 폴더에서 'Data1.jasp'를 선택하고 연다.

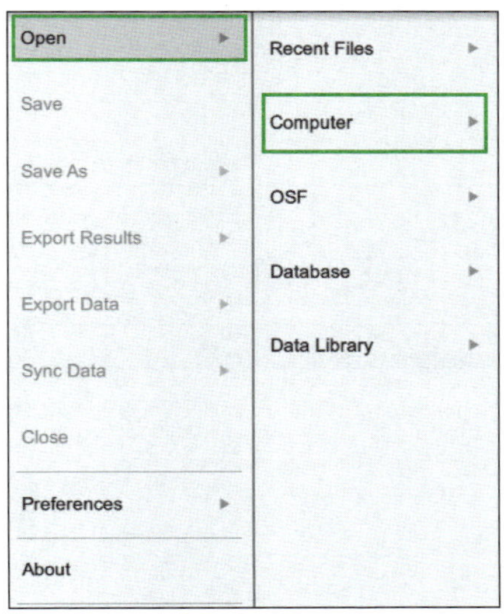

참고로 JASP에서는 사용자 컴퓨터에 저장되어 있는 파일뿐만 아니라 최근 작업한 파일 또는 데이터 라이브러리의 파일도 열 수 있다. 또한, 열어서 분석할 수 있는 데이터 파일의 종류도 다양하여 Excel, SPSS, SAS 데이터세트 형식도 읽어 올 수 있다.

메인 메뉴에서 제공하고 있는 기능(Save, Save As 등)에 대한 내용은 JASP 홈페이지에서 제공하고 있는 매뉴얼을 참조하기 바란다.

02 JASP 제공 **통계분석 모듈**과 **화면의 구성**

앞에서 설명한대로 'Data1.jasp' 파일을 열면 다음과 같은 화면을 얻게 된다.

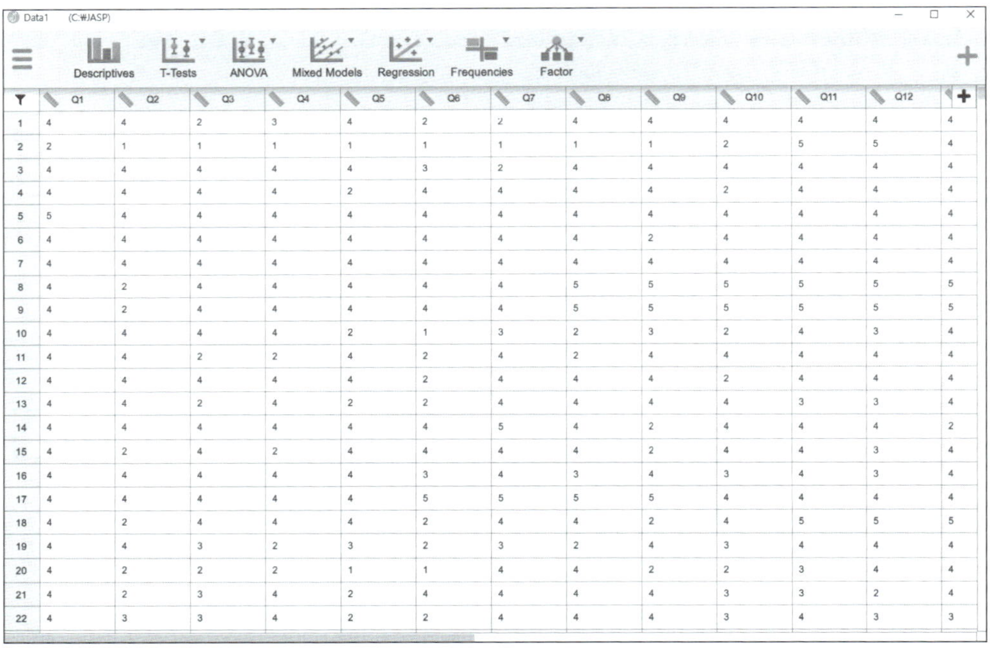

	Q1	Q2	Q3	Q4	Q5	Q6	Q7	Q8	Q9	Q10	Q11	Q12	
1	4	4	2	3	4	2	2	4	4	4	4	4	4
2	2	1	1	1	1	1	1	1	1	2	5	5	4
3	4	4	4	4	4	3	2	4	4	4	4	4	4
4	4	4	4	4	2	4	4	4	4	2	4	4	4
5	5	4	4	4	4	4	4	4	4	4	4	4	4
6	4	4	4	4	4	4	4	4	2	4	4	4	4
7	4	4	4	4	4	4	4	4	4	4	4	4	4
8	4	2	4	4	4	4	4	5	5	5	5	5	5
9	4	2	4	4	4	4	4	5	5	5	5	5	5
10	4	4	4	4	2	1	3	2	3	2	4	3	4
11	4	4	2	2	4	2	4	2	4	4	4	4	4
12	4	4	4	4	4	2	4	4	4	2	4	4	4
13	4	4	2	4	2	2	4	4	4	4	3	3	4
14	4	4	4	4	4	4	5	4	2	4	4	4	2
15	4	2	4	2	4	4	4	4	2	4	4	3	4
16	4	4	4	4	4	3	4	3	4	3	4	3	4
17	4	4	4	4	4	5	5	5	5	4	4	4	4
18	4	2	4	4	4	2	4	4	2	4	5	5	5
19	4	4	3	2	3	2	3	2	4	3	4	4	4
20	4	2	2	2	1	1	4	4	2	2	3	4	4
21	4	2	3	4	2	4	4	4	4	3	3	2	4
22	4	3	3	4	2	2	4	4	4	3	4	3	3

2.1 JASP 제공 통계분석 모듈

앞 화면의 상단에서 보여주는 것은 디폴트로 구현된 통계분석 방법을 나타내고 있다.

이는 JASP에서 기본적으로 제공되고 있는 통계분석 방법이 기술통계학, t-검정, 분산분석(ANOVA), 혼합모형(Mixed Models), 회귀분석(Regression), 빈도분석(Frequencies), 요인분석(Factor)이라는 것을 나타내고 있다. 사용자가 좀 더 고급적인 통계분석 방법을 원할 경우 화면 상단 우측에 있는 ⊞ 아이콘을 클릭하여 해당되는 모듈을 추가할 수 있다. 추가 가능한 모듈의 내용은 다음과 같다.

□ Audit	□ Meta-Analysis
□ Bain	□ Network
□ BSTS	□ Quality Control
□ Circular Statistics	□ Prophet
□ Cochrane Meta-Analysis	□ Reliability
□ Distributions	□ SEM
□ Equivalence T-Tests	□ Summary Statistics
□ JAGS	□ Visual Modeling
□ Learn Bayes	□ R (Beta)
□ Machine Learning	

이 책에서는 일단 디폴트로 구현된 통계분석 방법을 사용한 내용을 다루기로 한다.

2.2 JASP 화면의 구성

JASP 화면은 데이터를 보여주는 스프레드시트, 통계분석 화면, 분석결과(Results) 화면으로 구성된다. 이 중 데이터를 보여주는 화면이 스프레드시트이다. 통계분석 화면과 분석결과 화면을 보기 위해서는 통계분석 모듈을 선택하여야 한다. 우선 설명의 편의를 위하여 통계분석 화면에서 기술통계학 모듈( )을 선택하면 다음과 같은 화면을 얻게 된다.

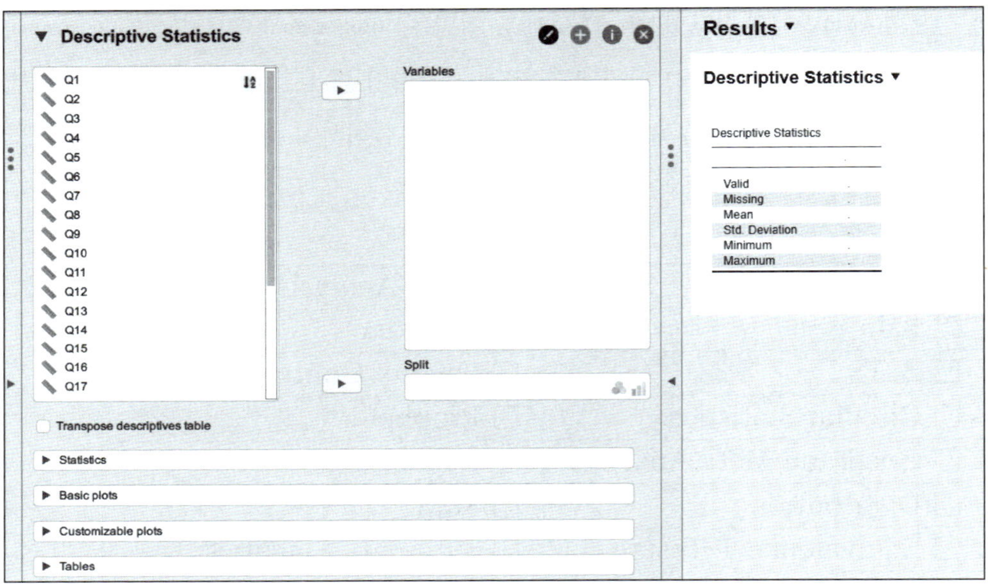

앞의 화면의 좌측 끝부분과 중간 부분을 살펴보면 세 개의 수직 점 아이콘( ), 우측지시 아이콘( ), 좌측지시 아이콘( )을 찾을 수 있다. 이 세 종류의 아이콘을 이용하여 데이터 스프레드시트, 통계분석 화면, 분석결과 화면을 함께 보기, 일부 보기, 특정화면 전체보기 등을 선택할 수 있다. 또한 분석결과(Results) 화면의 Results 우측에 아래지시 아이콘( )을 이용하여 제목 편집하기(Edit title), 복사하기(Copy), 분석결과 외부로 내보내기(Export Results), 노트 첨가하기(Add Note), 전체 제거하기(Remove All), 전체 재설정하기(Refresh All) 작업을 할 수 있다.

03 데이터 다루기

데이터 스프레드시트의 첫 번째 줄 바로 위에는 사용자가 연구단위의 속성에 따라서 전체 데이터를 분석하지 않고 일부 데이터만 분석할 수 있도록 필터링 기능을 수행할 수 있는 필터보기 아이콘( )과 새로운 변수를 정의하여 분석하는 것을 가능하게 하는 새로운 변수 정의하기 아이콘( )이 제공되어 있으며, 각 변수명 좌측에는 변수의 형태를 나타내는 아이콘이 있다. 변수는 연속형 데이터를 나타내는 연속형 척도(Continuous Scale), 순서형 데이터를 나타내는 순서척도(Ordinal), 변수 값이 개인의 집단적 상징임을 나타내는 명목척도(Nominal) 중에서 선택할 수 있다. 변수의 형태를 변경하고자 할 경우 해당 변수명 앞에 있는 아이콘을 클릭하여 원하는 형태의 아이콘을 클릭하면 자동적으로 변경되며, 이 변경된 형태로 변수 정보가 담긴 데이터 파일을 '*.jasp' 형태로 저장하면, 추후에 이를 불러들일 경우 변경된 내용의 데이터 파일을 접하게 된다.

통계분석 메뉴에서 기술통계학(Descriptives) 모듈을 선택하여 다음과 같게 설정하면 우측 Results 화면에 분석결과가 자동으로 출력된다.

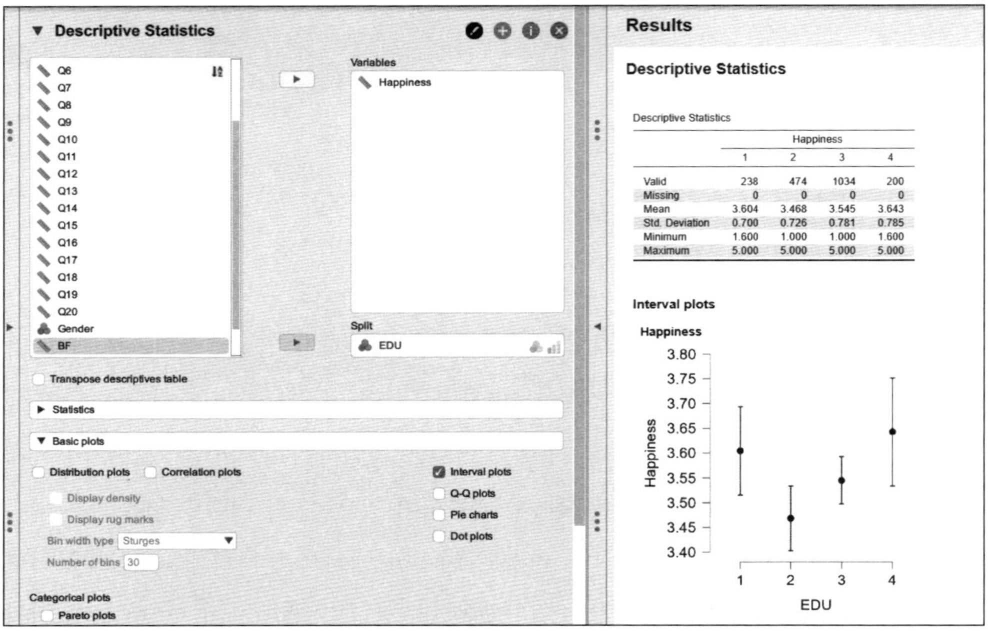

분석결과를 살펴보면 교육정도(EDU)에 따라서 행복(Happiness) 점수가 선형적으로 증가하는 경향을 나타내지 않는다는 것을 알 수 있다. 하지만 연구자가 교육정도가 1인 경우(EDU=1)를 제외하고 분석을 할 경우 교육정도와 행복 간의 관계는 선형적이라는 것을 주장하는 것이 가능할 수도 있다. 교육정도가 1인 경우를 제외한 후 교육정도와 행복 간의 관계를 나타내는 구간도(Interval plots)를 원할 경우 다음과 같이 진행하면 된다. 우선 데이터 스프레드시트에서 교육정도를 나타내는 변수명(EDU)을 클릭하면 데이터 스프레트시트 윗부분에 다음과 같은 화면을 얻게 된다.

EDU

Filter	Value	Label
✓	1	1
✓	2	2
✓	3	3
✓	4	4

여기서 교육정도가 1인 경우의 Filter 열에 표시된 ✓표시를 클릭하면 × 표시로 바뀐다. 그런 다음 데이터 스프레드시트 우측에 있는 좌측지시 아이콘을 클릭하면 분석결과(Results) 화면에 다음과 같은 결과를 얻게 된 것을 확인할 수 있다.

Descriptive Statistics

Descriptive Statistics

	Happiness		
	2	3	4
Valid	474	1034	200
Missing	0	0	0
Mean	3.468	3.545	3.643
Std. Deviation	0.726	0.781	0.785
Minimum	1.000	1.000	1.600
Maximum	5.000	5.000	5.000

Interval plots

Happiness

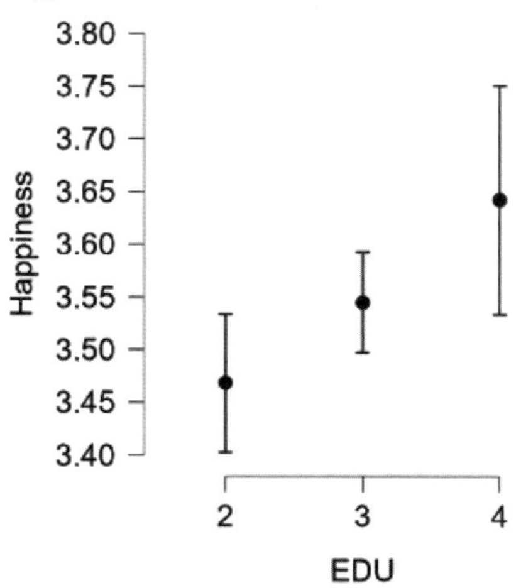

2장

연구 데이터와 연구자의 관심 내용

01 예제 및 실습 데이터

1.1 예제 데이터 I – 설문조사 데이터

예제 데이터 I(Data1.jasp)은 대한민국 성인 1,946명을 대상으로 설문조사한 자료로 건강, 행복, 평화와 관련된 자기보고식 문항 20개, 응답자의 성별 및 교육정도 문항 2개, 20개의 자기보고식 문항을 토대로 계산된 연속형 변수 4개의 값으로 이루어져 있다.

20개의 자기보고식 문항은 Likert 5점 척도(1=결코 아니다, 2=그렇지 않다, 3=가끔 그렇다, 4=자주 그렇다, 5=매우 자주 그렇다)로 구성되어 있으며, 이들 20개 문항으로부터 계산된 4개의 변수(BF, BM, Happiness, Peace)에 대한 변수명, 변수의 형태, 변수정의 및 변수설명은 <표 2-1>과 같다.

〈표 2-1〉 건강, 행복, 평화와 관련된 12개 변수에 대한 변수명, 변수의 형태, 변수정의, 변수설명

변수명	변수의 형태	변수정의	변수설명
Q1~Q5	연속형	BF 관련 문항	'건강한 몸의 느낌' 관련 5개 문항
Q6~Q10	연속형	BM 관련 문항	'건강한 자기관리' 관련 5개 문항
Q11~Q15	연속형	Happiness 관련 문항	'행복' 관련 5개 문항
Q16~Q20	연속형	Peace 관련 문항	'평화' 관련 5개 문항
BF	연속형	건강한 몸의 느낌	점수가 높을수록 몸의 느낌이 건강하다
BM	연속형	건강한 자기관리	점수가 높을수록 건강을 위한 자기관리를 잘한다
Happiness	연속형	행복	점수가 높을수록 행복한 성향이 높다
Peace	연속형	평화	점수가 높을수록 평화적인 성향이 높다

사회경제적 지위 및 응답자 특성을 나타내는 2개 문항에 대한 변수명, 변수의 형태, 변수정의, 변수설명은 <표 2-2>와 같다.

〈표 2-2〉 응답자의 사회경제적 지위 및 특성 변수

변수명	변수의 형태	변수정의	변수설명
Gender	명목형	성별	0=여자, 1=남자
EDU	명목형	교육정도	1=중졸 이하, 2=고졸 또는 중퇴, 3=대졸 또는 중퇴, 4=대학원 졸업 또는 중퇴

본 교재에서는 설명의 편의와 지면 절약을 위하여 <표 2-1>과 <표 2-2>에서 제시한 변수 모두를 포함하고 있는 파일(Data1.jasp)과 Q1~Q20 변수를 제외하고 성별(Gender), 교육정도(EDU), 건강한 몸의 느낌(BF), 건강한 자기관리(BM), 행복(Happiness), 평화(Peace) 변수만 포함하고 있는 파일(Data1Core.jasp) 두 종류를 사용하고 있다.

1.2 예제 데이터 II - 실험연구 데이터

예제 데이터 II(Data2.jasp)는 유아를 대상으로 두 가지의 유아교육 프로그램이 유아의 정서조절능력 및 사고력 증진에 도움이 되는지를 살펴보기 위하여 실험연구를 한 데이터이다. 정서조절능력은 사전, 사후(사후1), 추후(사후2) 세 번에 걸쳐 측정되었으며, 사고력은 사전 및 사후 두 번에 걸쳐 측정되었다. 'Data2.jasp'에 대한 변수명, 변수의 형태, 변수정의, 변수설명은 <표 2-3>과 같다.

〈표 2-3〉 예제 데이터 II(Data2.jasp)에 대한 변수명, 변수의 형태, 변수정의, 변수설명

변수명	변수의 형태	변수정의	변수설명
Group	명목형	집단번호	1=실험집단1(정서조절능력 향상 프로그램 집단), 2=실험집단2(사고력 증진 프로그램 집단), 3=통제집단
ID	명목형	유아번호	학생 번호
AGE	연속형	연령	사전검사 시의 유아의 연령(개월)
AgeGroup	명목형	연령 집단	연령이 66개월 이하 집단(Low)과 초과 집단(High)
MQ.0	연속형	사전 정서조절능력	점수가 높을수록 정서조절능력이 높다
MQ.1	연속형	사후 정서조절능력	점수가 높을수록 정서조절능력이 높다
MQ.2	연속형	추후 정서조절능력	점수가 높을수록 정서조절능력이 높다
BQ.0	연속형	사전 사고력	점수가 높을수록 사고력이 높다
BQ.1	연속형	사후 사고력	점수가 높을수록 사고력이 높다
G1	순서형	실험집단1 더미변수	1=실험집단1, 0=기타 집단(실험집단2, 통제집단)
G2	순서형	실험집단2 더미변수	1=실험집단2, 0=기타 집단(실험집단2, 통제집단)
G3	순서형	통제집단 더미변수	1=통제집단, 0=기타 집단(실험집단1, 실험집단2)

1.3 예제 데이터 III - 실습 데이터

예제 데이터 III(Data3.jasp)은 실습용 데이터로 특정 업종에 종사하고 있는 여성 직장인 422명을 대상으로 설문조사한 자료로 결혼상태, 직장경력, 셀프리더십(18 문항), 정서지능(20 문항), 조직몰입(9 문항), 직무만족(14 문항), 업무성과(17 문항)를 조사한 것이다. 모든 척도는 Likert 5점 척도(1=전혀 그렇지 않다, 2=그렇지 않다, 3=보통, 4=그렇다, 5=매우 그렇다)로 구성되어 있으며, 각 변수는 해당되는 문항들의 평균으로 계산되었다. 'Data3.jasp'에 대한 변수명, 변수의 형태, 변수정의, 변수설명은 <표 2-4>와 같다.

〈표 2-4〉 실습 데이터 III(Data3.jasp)에 대한 변수명, 변수의 형태, 변수정의, 변수설명

변수명	변수의 형태	변수정의	변수설명
Marriage	명목형	혼인상태	1=미혼, 2=기혼
CYear	순서형	직무경력	1=1년 미만, 2=5년 미만, 3=10년 미만, 4=10년 이상
SelfL	연속형	셀프리더십	점수가 높을수록 셀프리더십이 높다
EmoQ	연속형	정서지능	점수가 높을수록 정서지능이 높다
OrgE	연속형	조직몰입	점수가 높을수록 조직몰입이 높다
JobS	연속형	직무만족	점수가 높을수록 직무만족이 높다
Perf	연속형	업무성과	점수가 높을수록 업무성과가 높다
MD_1	순서형	미혼집단 더미변수	1=미혼, 0=기혼
MD_2	순서형	기혼집단 더미변수	1=기혼, 0=미혼
CYD_1	순서형	직무경력1 더미변수	1=직무경력1 집단, 0=기타 집단
CYD_2	순서형	직무경력2 더미변수	1=직무경력2 집단, 0=기타 집단
CYD_3	순서형	직무경력3 더미변수	1=직무경력3 집단, 0=기타 집단
CYD_4	순서형	직무경력4 더미변수	1=직무경력4 집단, 0=기타 집단

02 연구자의 관심 내용

2.1 설문조사 데이터에서의 연구자의 관심 내용

설문조사에서 일반적으로 연구자가 관심을 가지고 있는 내용의 형태를 살펴보기로 하자. 가장 기본적으로 연구자는 연구대상이 되는 집단의 전체 평균 또는 집단 간의 평균에 대하여 관심이 있을 수 있다. 예를 들어, "대한민국 성인의 평균 행복지수는 몇 점일까?"와 "성인남녀 두 집단의 평균 행복지수는 같은가? 같지가 않다면 어느 집단의 평균 행복지수가 높은가?"와 같은 형태의 질문이다. 다음으로는 설명변수(독립변수)와 종속변수(반응변수)와의 관계에 대하여 관심이 있을 수 있다. 예를 들어, "건강한 몸의 느낌 점수가 높고 건강한 자기관리를 잘할수록 행복한가?"와 같은 질문 또는 "건강한 자기관리에 따라서 행복이 변화되는 선형관계가 남녀 집단에 따라서 같은가?"와 같은 질문이다.

설문조사 데이터(Data1.jasp)에서 연구자가 관심을 가질 수 있는 일반적인 내용을 정리하면 <표 2-5>와 같다.

〈표 2-5〉 설문조사 데이터에서의 연구자의 관심 내용

번호	관심 내용	예
1	연구 집단의 전체 평균	대한민국 성인의 평균 행복 점수는 얼마인가?
2	두 집단의 비교 (평균, 분산)	성인남녀 두 집단의 평균 행복 점수는 같은가? 같지가 않다면 어느 집단의 평균 행복지수가 높은가?
3	여러 집단의 평균 비교	대한민국 성인의 평균 행복 점수는 교육정도에 따른 집단 간에 차이가 있는가? 차이가 있다면 어느 집단이 높은가?
4	두 변수 간의 상관관계 (영차, 편상관)	건강한 자기관리와 행복은 어떠한 상관관계가 있는가? 건강한 몸의 느낌의 영향을 제거한 후 건강한 자기관리와 행복의 상관관계는 어떠한가?
5	설명변수와 반응변수의 선형관계 (단순, 다중)	건강한 자기관리를 잘할수록 행복이 어떻게 달라지는가? 건강한 자기관리와 건강한 몸의 느낌이 변화함에 따라 행복은 어떻게 변화하는가?
6	집단의 수준에 따른 설명변수와 반응변수의 선형관계	건강한 자기관리와 행복의 관계가 성별에 따라서 달라지는가? 건강한 자기관리 및 행복과 평화의 관계가 성별에 따라서 달라지는가?

1) 연구 집단의 전체 평균

연구자는 연구 집단 전체 또는 특정 집단의 특정변수의 평균에 관심을 가지고 있을 수 있다. 예를 들어, "대한민국 성인의 평균 행복 점수는 몇 점일까?", "대한민국 30대 남성의 건강한 자기관리 점수는 얼마인가?"와 같은 형태의 질문은 모두 이 범주에 들어간다.

2) 두 집단의 비교

연구자는 연구대상을 구성하는 두 집단의 특정변수의 평균 또는 분산이 동일한지 여부에 관심이 있을 수 있다. 이러한 형태의 관심 사항은 두 집단의 평균을 비교할 경우 또는 두 집단의 동질성 여부에 관심이 있을 경우에 흔히 제기된다. 예를 들어, "대한민국 성인남녀 두 집단의 평균 행복 점수는 같은가? 같지가 않다면 어느 집단이 평균적으로 더 행복한가?", "대한민국 성인남녀 두 집단의 행복의 표준편차는 동일한

가?"와 같은 형태의 질문은 모두 이 범주에 들어간다.

3) 여러 집단의 평균 비교

연구자는 연구대상을 구성하는 여러 집단(세 집단 이상)의 특정변수의 평균 또는 분산이 동일한지 여부에 관심이 있을 수 있다. 이러한 형태의 관심 사항은 여러 집단의 평균을 비교할 경우에 흔히 제기된다. 예를 들어, "대한민국 성인의 교육정도에 따른 집단별 평균 행복 점수는 같은가? 같지가 않다면 어느 집단이 평균적으로 더 행복한가?"와 같은 형태의 질문이 이러한 범주에 들어간다.

4) 두 변수 간의 상관관계

연구자는 연구주제와 관련된 두 변수 간의 선형관계에 관심이 있을 수 있다. 이러한 형태의 관심 사항은 두 변수의 관계가 양(또는 정(正))의 관계인지 음(또는 부(負))의 관계인지를 파악할 경우에 흔히 제기된다. 예를 들어, "건강한 자기관리와 행복은 양의 관계가 있는가? 아니면 음의 관계가 있는가?"와 같은 형태의 질문이 이러한 범주에 들어간다. 또한 두 변수와 관계가 있는 제 삼의 변수가 두 변수에 미치는 영향을 제거한 후 두 변수 간의 관계에 관심이 있는 경우도 있다. 예를 들어, "건강한 몸의 느낌이 건강한 자기관리와 행복에 미치는 영향을 제거한 후 건강한 자기관리와 행복은 양의 관계인가? 아니면 음의 관계인가?"와 같은 형태의 질문이 이 범주에 들어간다.

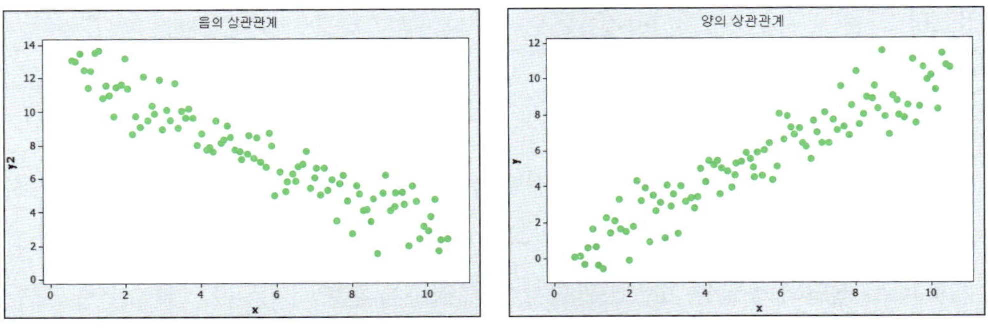

[그림 2-1] 양의 상관관계와 음의 상관관계

5) 설명변수와 반응변수의 선형회귀관계

앞의 두 변수 간의 상관관계와는 달리 선행변수와 후행변수, 독립변수와 종속변수, 설명변수와 반응변수와 같이 두 변수의 역할이 정해져 있는 경우 두 변수 간의 구체적인 선형함수 관계에 관심이 있을 수 있다. 예를 들어, "건강한 자기관리 점수가 1점(또는 1표준편차) 증가할 경우 행복은 몇 점(또는 표준편차) 증가(또는 감소)하는가?"와 같은 형태의 질문이 이 범주에 들어간다. 하나의 반응변수에 대한 설명변수가 여러 개인 경우와 이들 설명변수 중 반응변수를 가장 잘 설명하는 변수의 선택에 관심이 있는 경우도 이러한 범주에 들어간다.

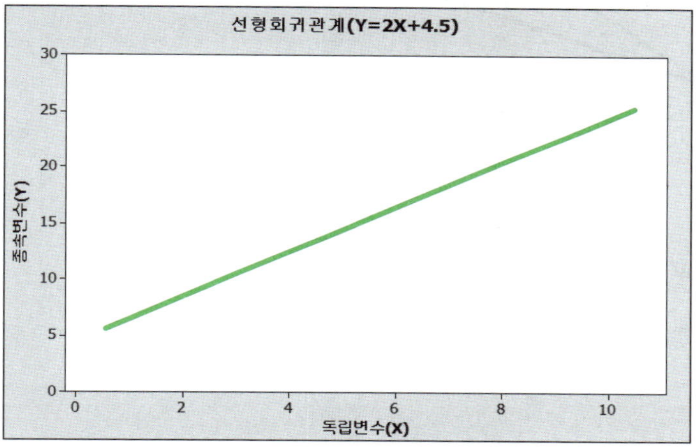

[그림 2-2] 선형회귀관계

6) 집단의 수준에 따른 설명변수와 반응변수의 선형회귀관계

연구자는 설명변수와 반응변수의 선형관계가 집단의 수준에 따라서 변하는지 아니면 변함이 없는지 관심이 있을 수 있다. 예를 들어, "건강한 자기관리와 행복의 관계가 남녀별로 동일한 형태를 나타내고 있는가? 아니면 성별에 따라서 그 형태를 달리하고 있는가?"와 같은 형태의 질문이 이러한 범주에 들어간다.

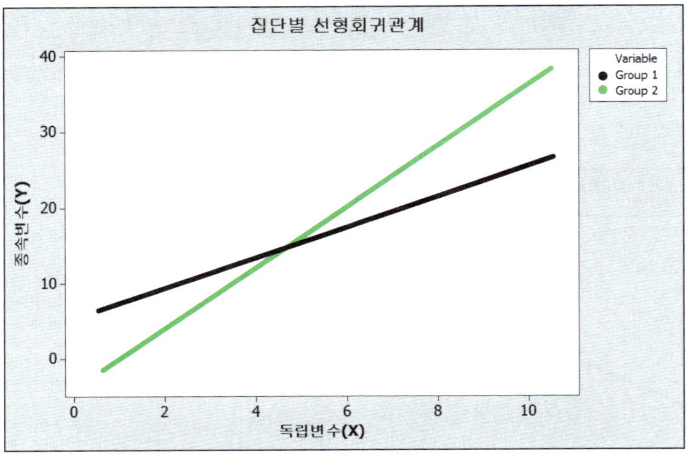

[그림 2-3] 집단별 선형회귀관계

2.2 실험연구 데이터에서의 연구자의 관심 내용

실험연구에서 일반적으로 연구자가 관심을 가지고 있는 내용의 형태를 살펴보기로 하자. 가장 기본적이고 일반적인 형태는 연구자가 특정 프로그램(처리, 개입)의 효과를 검증하기 위하여 그 프로그램을 적용한 실험집단, 다른 종류 또는 기존의 경쟁 프로그램을 적용한 비교집단, 아무런 프로그램도 적용하지 않은 통제집단을 대상으로 프로그램 적용 전(사전), 적용 후(사후), 일정한 기간이 지난 후(추후)에 측정한 변수의 값을 비교하여 특정 프로그램의 효과 여부를 검증하는 것이다. 예를 들어, "두 가지 유아 대상 프로그램이 정서조절능력 향상 및 사고력 증진에 효과가 있는가? 효과가 있다면 정서조절능력 향상에 효과가 있는 프로그램은 무엇이며, 사고력 증진에 효과가 있는 프로그램은 무엇인가?"와 같은 질문이다.

실험연구 데이터(Data2.jasp)에서 연구자가 관심을 가질 수 있는 내용을 정리하면 <표 2-6>과 같다.

〈표 2-6〉 실험연구 데이터에서의 연구자의 관심 내용

유형	집단의 수	반복 측정의 수	관심 내용의 예
1	2 (실험, 통제) 이상	2 (사전, 사후)	정서조절능력 향상을 위한 프로그램이 효과적인지를 살펴보고자 한다. 실험집단1, 실험집단2, 통제집단의 구성은 동질적인가?
			정서조절능력 향상을 위한 프로그램은 효과가 있는가?
2	2 (실험, 통제) 이상	3 (사전, 사후, 추후) 이상	정서조절능력 향상 프로그램이 효과적인지를 살펴보고자 한다. 실험집단1, 실험집단2, 통제집단의 구성은 동질적인가?
			정서조절능력 향상을 위한 프로그램은 효과가 있는가?

1) 집단의 수 2 이상, 반복측정의 횟수가 2회인 경우

연구자는 실험집단과 통제집단의 비교를 통하여 특정 변수의 값이 통제집단보다는 실험집단에서 더 증가(또는 감소)하였다는 것을 주장하고 싶은 경우가 있다. 예를 들어, "사고력 향상을 위한 프로그램을 부과한 실험집단의 사고력이 아무런 프로그램도 부과하지 않은 집단의 사고력보다 높게 나타났다"와 같은 형태의 주장을 하고 싶은 경우이다. 하지만 이러한 주장을 하기 이전에 실험집단과 통제집단의 사고력에 대한 사전 검사를 통하여 여러 집단의 동질성을 입증하여야 한다. 이는 자연스럽게 "실험집단과 통제집단은 사고력 측면에서 서로 동질적인가?"와 같은 형태의 질문으로 귀결된다. 사전 검사에 대한 동질성 검정은 공정한 경쟁을 위한 기본적인 작업이다.

2) 집단의 수 2 이상, 반복측정의 횟수가 3회 이상인 경우

연구자는 실험집단, 비교집단, 통제집단의 비교를 통하여 특정 변수의 값이 통제집단과 비교집단보다는 실험집단에서 더 증가(또는 감소)하였다는 것을 주장하고 싶은 경

우가 있다. 예를 들어, “사고력 향상을 위한 프로그램을 부과한 실험집단의 사고력이 아무런 프로그램도 부과하지 않은 집단과 기존의 사고력 증진 프로그램을 부과한 비교집단의 사고력보다 더 높게 나타났다”와 같은 형태의 주장을 입증하기 위한 경우이다. 하지만 이러한 주장 이전에 실험집단, 비교집단, 통제집단의 사고력에 대한 사전검사를 통하여 프로그램의 효과비교를 위한 공정한 실험을 진행하고 있다는 것을 보여주어야 한다. 이는 세 집단의 동질성을 입증하여야 한다는 것을 의미하며 자연스럽게 “실험집단, 비교집단, 통제집단은 사고력 측면에서 서로 동질적인가?”와 같은 형태의 질문으로 귀결된다.

2.3 척도에 대한 연구자의 관심 내용

조사연구를 진행하던 실험연구를 진행하던 관계없이 연구에서 사용되는 척도가 과연 합리적인 척도인지 연구자는 관심을 가질 수 있다. 척도에 대한 일반적인 관심사항은 척도의 신뢰성과 타당성에 대한 고민일 것이다. 예를 들어, “행복을 측정하기 위하여 연구에서 사용된 척도는 신뢰도가 있는가?”와 같은 형태 또는 “연구에서 사용되고 있는 행복 척도가 과연 진정으로 행복을 반영하고 있는가? 또한 이 척도는 행복과 밀접한 관계가 있지만 개념적으로는 다른 개념을 반영하는 다른 척도와 구별이 되는 타당한 척도인가?”와 같은 형태의 질문이다.

조사연구 데이터(Data1.jasp)에서 척도에 대하여 연구자가 관심을 가질 수 있는 내용을 정리하면 <표 2-7>과 같다.

〈표 2-7〉 조사연구 척도에 대한 연구자의 관심 내용

번호	관심 내용	예
1	척도(변수)의 정의 및 타당도	문항들은 몇 개의 요인으로 구성되어 있는가? 그 결과는 타당도가 입증되고 있는가?
2	척도의 신뢰도	척도를 정의하는 문항들은 일관되게 동일하거나 비슷한 개념을 측정하고 있는가?
3	척도의 정규성	척도를 하나의 측정가능한 명시변수로 간주할 경우 그 척도는 정규분포를 따르는가?

1) 척도(변수)의 정의 및 타당도

연구자는 조사연구에 사용된 문항들이 몇 개의 요인을 반영하고 있는지에 관심을 가질 수 있다. 관련된 분야에서의 척도가 부족하여 새로운 척도를 구성하려는 목적으로 탐색적 연구를 할 경우는 물론 기존의 척도를 사용하는 경우에도 내 연구에서 기존의 척도가 그대로 적용될 수 있는지 확인하고자 하는 경우도 이러한 형태의 연구에 들어간다.

척도를 구성하고 있는 문항이 원래 연구자가 생각하고 있는 개념(또는 요인)을 반영하고 있다면 타당도가 높은 척도이다. 척도의 신뢰도(reliability)가 척도를 구성하는 문항들의 일관성(consistency) 또는 정밀성(precision)을 나타내고 있다면 척도의 타당도(validity)는 척도가 연구자가 생각하는 개념을 얼마나 정확하게 반영하고 있는지를 나타내는 정확성(accuracy)이라고 볼 수 있다.

2) 척도의 신뢰도

척도를 구성하는 문항이 동일한 개념(또는 요인)으로부터 반영되어 나온 것이라면 그 문항들은 서로 일관되게 비슷한 응답 형태를 나타내어야 한다. 이는 척도를 구성하는 문항들의 일관성(consistency)을 나타내면서 그 문항으로 구성되는 척도의 정밀성(precision)을 나타내고 있다. 정밀도가 높은 척도를 신뢰도(reliability)가 높은 척도라고 부른다.

3) 척도의 정규성

척도를 이용한 통계분석에서 많은 경우 척도에 대한 정규분포를 가정하고 있으며 이럴 경우 척도 자체 또는 모형에서의 잔차(residual)에 대한 정규성 여부를 검정하는 것이 필요한 경우가 있다. 개념(또는 요인) 형태가 연구모형에 들어가는 경우는 물론 척도 자체를 명시변수(manifest variable)로 정의하여 연구모형에서 직접적으로 사용하는 경우가 많다. 예를 들어, '행복'에 대한 전체 평균에 대한 신뢰구간을 구하거나 남녀 두 집단의 평균 행복을 비교할 경우 표본집단의 크기가 작을 경우(일반적으로 30명 미만)에 해당되는 독립표본 t-검정을 사용하기 위해서는 '행복' 척도가 정규분포(normal distribution)를 따른다는 것을 가정할 수 있어야 한다. 척도를 명시변수로 정의하는 경우 일반적으로는 척도를 구성하는 문항에 대한 응답 값을 전부 더하거나 평균을 구하여 척도의 값으로 설정한다. 여기서 연구자는 척도의 값이 정규분포를 따르는지 여부를 검정할 필요가 있는 경우에 척도에 대한 정규성 검정(normality test)을 한다. 다중회귀분석에서는 모형의 잔차에 대한 정규성 검정이 요구된다.

2.4 범주형 변수에 대한 연구자의 관심 내용

데이터의 값이 성별, 거주지, 결혼형태와 같이 개인이 속하는 집단의 상징임을 나타내는 명목형(nominal) 변수를 달리 범주형(categorical) 데이터라고 부른다. 연구 데이터가 범주 간의 관계가 있는지 여부를 검증할 필요가 있다. 예를 들어, 성별에 따른 학력의 분포도가 동일한지 여부, 실험집단과 통제집단의 성별구성이 동일한지 여부 등을 검증할 필요가 있다. 이 경우 사용되는 검증 방법이 동질성 검정과 독립성 검정이다.

독립성 검정 또는 동질성 검정을 위해서는 분할표(contingency table)가 필요하다. 분할표를 작성하기 위해서는 두 가지의 범주형 변수가 필요하며, 이 중 하나를 행(row) 변수로 놓고 다른 하나를 열(column) 변수로 설정한다. 예를 들어, 성별에 따른 학력분포도가 동일한지 여부를 검증할 경우 성별(남/여)을 행 변수로 설정하고, 학력(1,2,3,4)을 열 변수로 설정한다.

독립성(independence) 검정과 동질성(homogeneity) 검정의 일반적인 차이는 표본을 구하는 방법에 따라서 결정이 된다. 일반적으로 연구를 진행하기 위해서 전체 표본의 크기가 정해진 다음 확률표본추출 방법으로 데이터가 수집이 되었을 경우에는 독립성 검정이라고 부르며, 전체 표본의 크기보다는 행 변수(또는 열 변수)의 크기를 정한 다음, 각 행 변수(또는 열 변수)의 각 수준에 해당되는 모집단으로부터 확률표본추출이 진행 되었을 경우에는 동질성 검정이라고 부른다. 예를 들어, 전체 표본 1,000명을 확률표본추출 방법을 통하여 조사를 진행하였다면 성별과 학력의 독립성 검정이 되고, 남자 510명, 여자 490명을 미리 정한 후에 각 성별에서 확률표본추출 방법으로 조사를 진행하였다면 성별에 따른 학력분포도의 동질성 검정이 된다. 독립성 검정에서 귀무가설이 의미하는 바는 성별과 학력은 서로 독립적인 관계로, 성별에 따라서 학력의 분포도가 다르게 나타나지 않는다는 의미이다. 동질성 검정에서 귀무가설이 의미하는 바는 남자의 학력분포도와 여자의 학력분포도는 동일하게 나타나는 관계로, 학력의 분포도가 성별에 따라서 다르게 나타나지 않는다는 의미이다. 따라서 독립성 검정과 동질성 검정은 표본추출 방법에 따른 귀무가설의 용어 차이이지 실질적인 해석의 차이는 없다고 볼 수 있다.

조사연구에서 동질성 검정 또는 독립성 검정을 사용하는 경우는 모집단으로부터 표본이 편중되지 않고 골고루 추출되었다는 것을 입증하기 위한 방법으로 사용되는 경우가 많으며, 실험연구에서는 실험집단, 비교집단, 통제집단을 구성하고 있는 연구대상의 인구통계적 특성이 차이가 없다는 것을 입증하여, 공정한 비교가 진행되고 있다고 주장하기 위한 목적으로 사용되는 경우가 많다.

3장

기초적인 연구가설과 JASP 통계분석

앞의 장에서 살펴본 관심 내용의 종류를 정리하면 <표 3-1>과 같다.

〈표 3-1〉 연구 종류에 따른 관심 내용

연구 종류 및 데이터	번호	관심 내용
설문조사연구 (Data1.jasp)	1	연구 집단의 전체 평균
	2	두 집단의 비교
	3	여러 집단의 비교
	4	두 변수 간의 상관관계
	5	설명변수와 반응변수의 선형관계
	6	집단에 따른 설명변수와 반응변수의 관계
실험연구 (Data2.jasp)	7	프로그램의 효과 검증(집단 수 ≥ 2, 반복측정 횟수 ≥ 2)
	8	프로그램의 효과 검증(집단 수 ≥ 2, 반복측정 횟수 ≥ 3)
척도분석 (Data1.jasp)	9	척도(변수)의 정의 및 타당도
	10	척도의 신뢰도
	11	척도의 정규성
동질성/독립성 검정 (Data2.jasp)	12	행 변수와 열 변수의 동질성/독립성

본 장에서는 <표 3-1>에서 제시된 연구자의 관심내용을 구체적으로 제시하고, 그러한 연구문제를 해결하기 위한 통계분석 기법을 설명한 후에 JASP를 이용하여 연구문제를 검증할 수 있는 방법을 제시하고 그 출력결과를 해석하는 방법을 다루고 있다.

01 연구 집단의 **전체 평균**

연구문제 1 | **일표본 t-검정**

대한민국 성인의 평균 행복 점수는 얼마인가?

[연구문제 해결을 위한 통계분석 설명]

[연구문제 1]과 같이 모집단의 전체 평균에 관심을 가지고 있는 경우에는 표본의 크기가 작을 경우(일반적으로 30명 미만)에는 '행복' 점수가 정규분포를 따른다는 것을 가정하여야 한다(정규성을 가정할 수 없는 경우에는 Wilcoxon 부호순위 검정과 같은 비모수적인 통계분석 방법을 사용한다). 하지만 표본의 크기가 클 경우(일반적으로 30명 이상)에는 중심극한정리에 의해서 '행복' 점수의 정규성 여부에 관계없이 일표본 t-검정을 사용할 수 있다.

[JASP 모듈 선택]

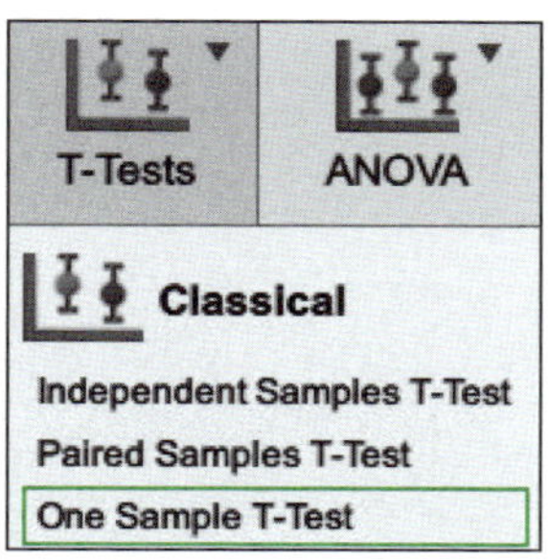

통계분석 모듈 중 T-Tests 모듈에서 Classical 파트에 있는 One Sample T-Test 방법을 클릭한다.

[JASP 모듈 통계분석 옵션 기능 선택]

다음과 같이 설정한다.

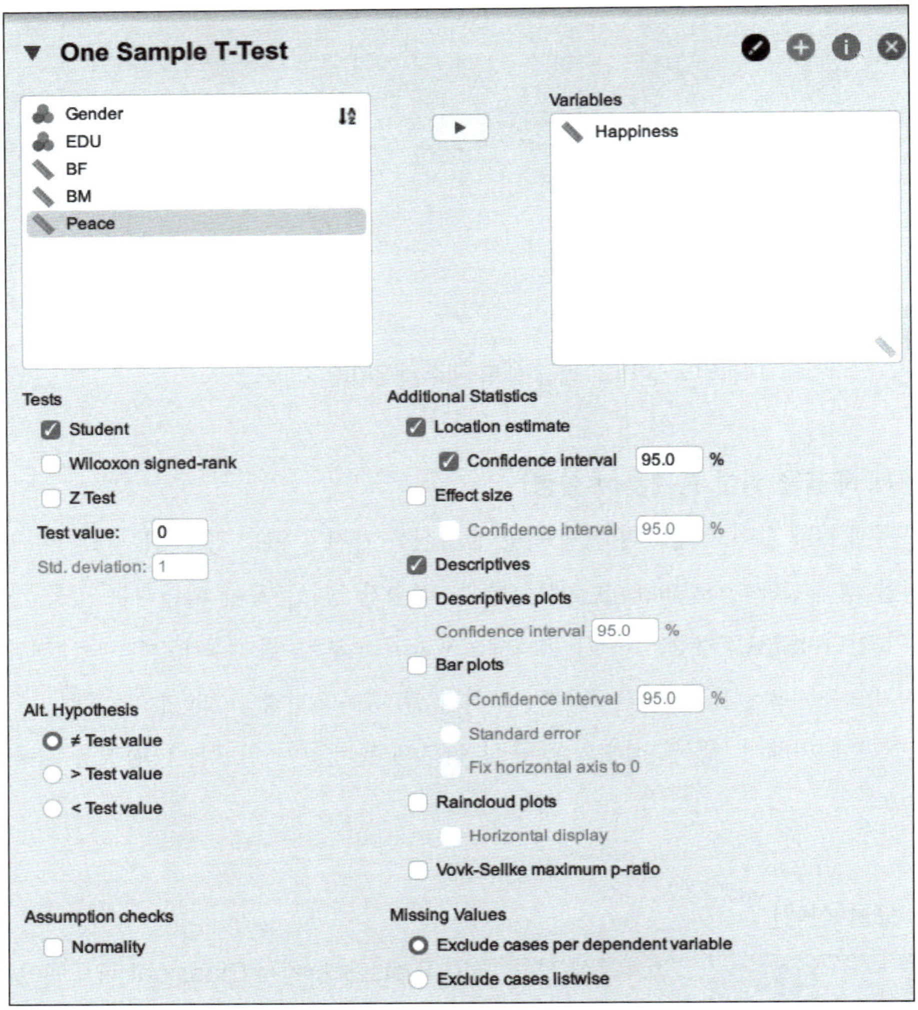

[JASP 분석결과 및 해석]

One Sample T-Test

One Sample T-Test

	t	df	p	Mean Difference	95% CI for Mean Difference	
					Lower	Upper
Happiness	205.662	1945	< .001	3.544	3.510	3.577

Note. For the Student t-test, location difference estimate is given by the sample mean difference *d*.
Note. For the Student t-test, the alternative hypothesis specifies that the mean is different from 0.
Note. Student's t-test.

Descriptives

Descriptives

	N	Mean	SD	SE	Coefficient of variation
Happiness	1946	3.544	0.760	0.017	0.214

'행복' 척도에 대한 95% 신뢰구간은 (3.510, 3.577)로 계산되었다. 이는 대한민국 성인을 연구대상으로 하여 1,946명을 표본으로 추출하여 설문조사한 데이터로부터 '행복' 척도(최소 1점, 최대 5점)에 대한 95% 신뢰구간을 구한 결과 신뢰하한 3.51, 신뢰상한 3.58로 계산되었다는 것을 의미한다. 이 결과를 해석하면 대한민국 성인의 평균 행복지수는 1,946명으로 이루어진 표본으로부터 얻은 자료를 토대로 판단컨대 최소 3.51, 최대 3.58 사이에 있을 가능성이 95% 정도라는 것을 의미한다. 여기서 95%는 연구자의 주장(귀무가설)이 실제적으로 참인 경우에 연구자가 귀무가설을 채택할 가능성을 나타내는 값으로 신뢰수준(confidence level)이라고 부른다. 반면에 1에서 신뢰수준을 뺀 값을 유의수준(significance level)이라고 부르며 이는 연구자의 귀무가설이 실제적으로 참인 경우에 연구자가 귀무가설을 기각할 가능성을 나타내는 값으로 잘못된 의사결정을 할 확률을 나타내는 값이다. 연구자가 잘못된 의사결정을 저지를 확률(유의수준)을 낮게 설정하고 싶다면 유의수준을 5%에서 1% 정도로 낮출 수도 있다. 이럴

경우 신뢰수준은 95%에서 99%로 증가하게 된다. 신뢰수준 99%에서 '행복'에 대한 신뢰구간을 구하면(

) (3.499, 3.588)이 된다. '행복'에 대한 99% 신뢰구간은 95% 신뢰구간보다 하한과 상한의 폭이 더 넓은 것을 알 수 있다. 이는 대한민국 성인 전체의 평균행복이 얼마인지는 모르지만 그 구간 안에 있을 가능성은 높아지면서 정밀성은 떨어지는 결과를 초래하는 것이다.

[연구문제 1]에 대한 분석결과를 보고하는 일반적인 방법은 <표 3-2>와 같다.

〈표 3-2〉 행복의 기술통계량 및 모평균의 신뢰구간

변수	표본의 크기 (*n*)	평균	표준편차	모평균의 95% 신뢰구간
행복(Happiness)	1,946	3.544	0.76	(3.51, 3.58)

02 두 집단의 평균 비교

연구문제 2 **독립표본 t-검정**
성인남녀 두 집단의 평균 행복 점수는 같은가? 같지가 않다면 어느 집단의 평균 행복지수가 높은가?

[연구문제 해결을 위한 통계분석 설명]

[연구문제 2]는 모집단을 두 집단으로 구분할 경우 그 두 집단의 평균 비교에 관심을 가지고 있는 경우이다. [연구문제 1]과 같이 두 표본집단의 크기가 작을 경우(일반적으로 30명 미만)에는 각 집단의 '행복' 점수가 정규분포를 따른다는 것을 가정하여야 한다(정규성을 가정할 수 없는 경우에는 비모수적인 통계분석 방법을 사용한다). 두 표본집단의 크기가 클 경우(일반적으로 각 30명 이상)에는 각 집단의 '행복' 점수의 정규성 여부에 관계없이 이표본 t-검정(Two-Sample t-Test)을 사용할 수 있다. 이표본 t-검정은 독립표본 t-검정(Independent Samples t-Test)이라고도 부른다.

두 집단의 평균 비교를 위해서는 두 집단의 분산이 동일한지 여부를 먼저 검정하여야 한다. 이는 두 집단의 분산(또는 표준편차)이 동일할 경우와 동일하지 않을 경우에 적용되는 검정통계량(여기서는 t-통계량)의 공식이 다르기 때문이다.

[JASP 모듈 선택]

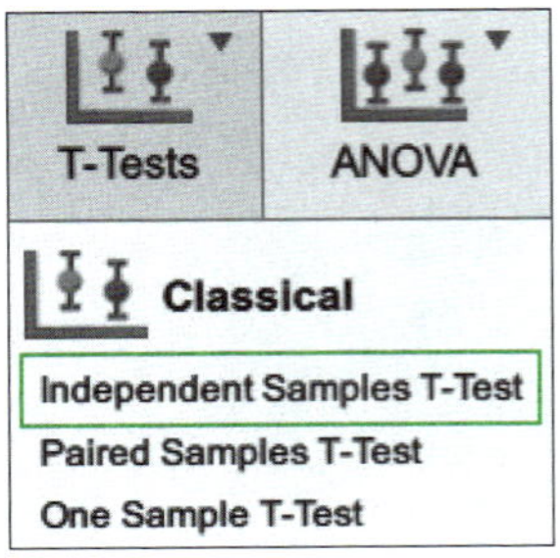

통계분석 모듈 중 T-Tests 모듈에서 Classical 파트에 있는 Independent Samples T-Test 방법을 클릭한다.

[JASP 모듈 통계분석 옵션 기능 선택] 다음과 같이 설정한다.

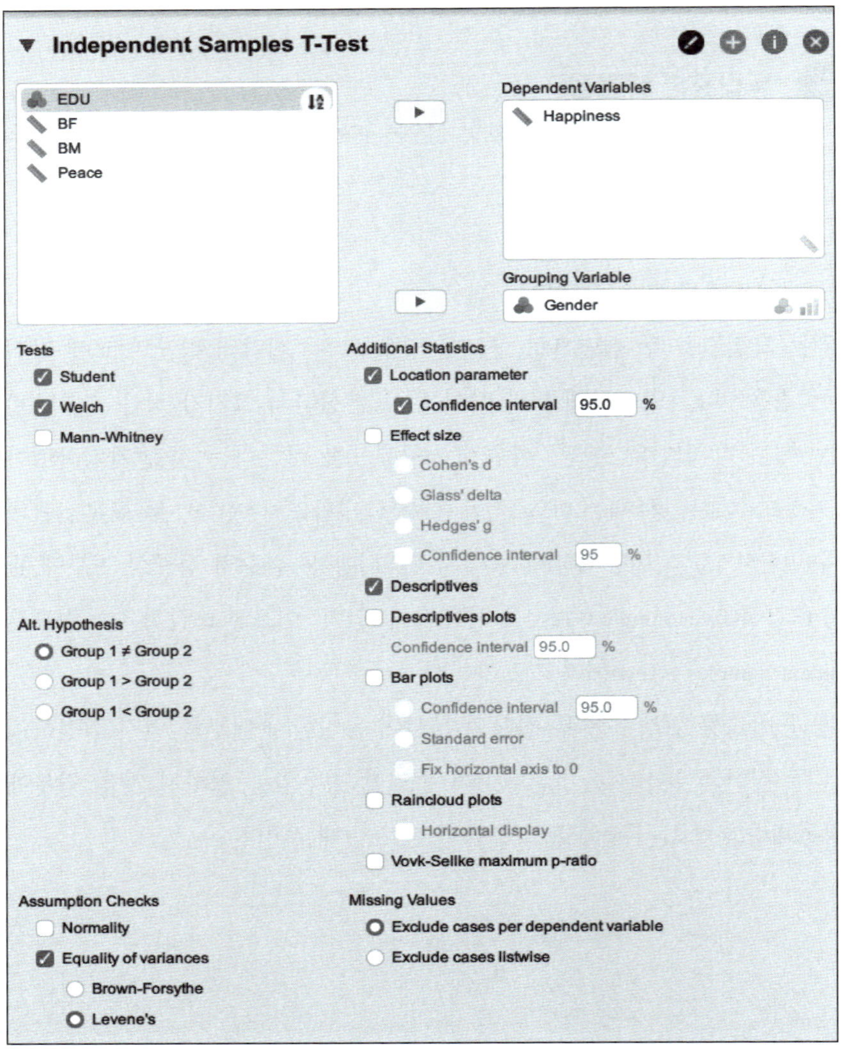

[JASP 분석결과 및 해석]

Independent Samples T-Test

Independent Samples T-Test

	Test	Statistic	df	p	Mean Difference	SE Difference	95% CI for Mean Difference Lower	Upper
Happiness	Student	0.931	1944.000	0.352	0.033	0.035	−0.036	0.101
	Welch	0.930	1712.343	0.352	0.033	0.035	−0.036	0.101

Assumption Checks

Test of Equality of Variances (Levene's)

	F	df_1	df_2	p
Happiness	0.141	1	1944	0.707

Descriptives

Group Descriptives

	Group	N	Mean	SD	SE	Coefficient of variation
Happiness	0	1146	3.557	0.758	0.022	0.213
	1	800	3.524	0.763	0.027	0.216

남녀 두 집단에 대한 '행복' 척도의 분산이 동일한지 여부는 'Test of Equality of Variances(Levene's)' 결과를 보면 된다. 유의확률을 보면 0.707으로 사회과학에서 일반적으로 설정하는 유의수준인 0.05보다 크다. 이는 '남녀 두 집단의 행복에 대한 분산이 동일하다'라는 귀무가설을 받아들일 수가 있다는 것을 의미한다. 그다음 단계로 'Independent Samples T-Test'에서 등분산성을 가정할 경우의 검정통계량 'Student'에 해당되는 검정통계량의 값(0.931)에 해당되는 유의확률을 보면 0.352로 유의수준 0.05보다 크다. 이는 '남녀 두 집단의 행복에 대한 평균이 동일하다'라는 귀무가설을 채택할 수 있다는 것을 의미한다. 따라서 남녀 두 집단의 평균 행복이 동일하다고 볼 수 있다.

[연구문제 2]에 대한 분석결과를 보고하는 일반적인 방법은 <표 3-3>과 같다.

〈표 3-3〉 성별 행복 비교

<table>
<tr><th>집단</th><th>표본의 크기
(n)</th><th>평균
(표준편차)</th><th>분산의 동일성
F(p)</th><th>평균차
(표본오차)</th><th>평균의 동일성
T(p)</th><th>평균차의
95% 신뢰구간</th></tr>
<tr><td>여자</td><td>1,146</td><td>3.557
(0.758)</td><td rowspan="2">0.141
(0.707)</td><td rowspan="2">0.033
(0.035)</td><td rowspan="2">0.931
(0.352)</td><td rowspan="2">(-0.036, 0.101)</td></tr>
<tr><td>남자</td><td>800</td><td>3.524
(0.763)</td></tr>
</table>

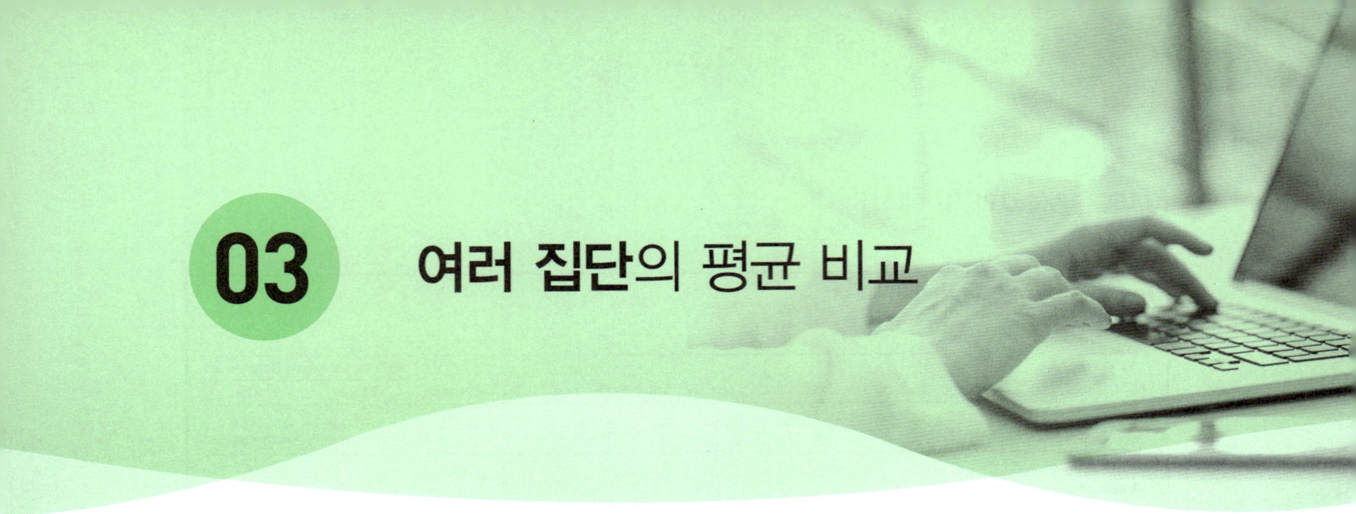

03 여러 집단의 평균 비교

연구문제 3-1 **일원분산분석**
대한민국 성인의 평균 행복 점수는 교육정도에 따른 집단 간에 차이가 있는가? 차이가 있다면 어느 집단이 높은가?

[연구문제 해결을 위한 통계분석 설명]

[연구문제 3-1]은 모집단을 한 종류의 집단구분변수(교육정도)를 사용하여 세 수준 이상으로 구분할 경우 그 집단수준 간의 평균 비교에 관심을 가지고 있는 경우이다. 이 경우 일원분산분석(One-Way ANOVA)을 사용할 수 있다. 일원분산분석에서는 각 집단수준에 속하는 구성원 간의 행복 점수가 다른 것은 단지 우연히 발생하였다는 것을 가정한다. 이는 개인적인 행복 점수는 그 개인이 속한 집단수준의 평균 행복 점수와 우연히 발생한 개인적인 오차의 합으로 표현되며, 이러한 오차(error)의 분포는 정규분포를 따르고 있다는 것을 가정하고 있다는 의미이다. 오차에 대한 정규성 여부를 검정하는 것은 일원분산분석 후에 오차를 추정한 잔차(residual)에 대한 분석을 통하여 가능하다.

교육정도에 따른 각 집단수준 간의 평균 비교를 위해서는 각 집단수준의 분산이 동일한지 여부를 먼저 검정하여야 한다. 이는 일원분산분석에서는 각 집단수준의 분산(또는 표준편차)이 동일하다는 것을 가정하고 있기 때문이다. 하지만 각 집단수준 간의 평균 차이를 평균이 동일한 집단으로 그룹화 시키거나 두 집단수준 간의 평균 비교를 위하여 수행하는 사후분석에서는 각 집단수준의 분산이 동일하지 않은 경우에도 해당되는 출력결과를 얻을 수 있다.

각 집단수준의 분산이 동일하면서 각 집단수준의 표본의 크기가 다를 경우 사후검정에서 권장되는 것은 Scheffe 방법이고, 각 집단수준의 표본의 크기가 동일할 경우에는 Tukey 방법이 권장된다. 각 집단수준의 분산이 동일하지 않을 경우에는 Games-Howell 방법을 추천한다.

[JASP 모듈 선택]

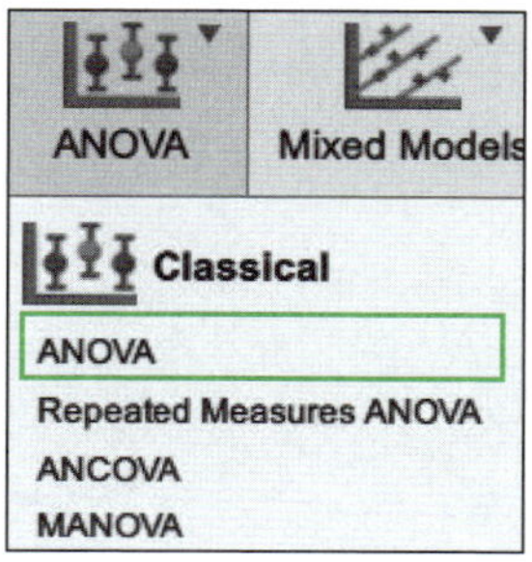

통계분석 모듈 중 ANOVA 모듈에서 Classical 파트에 있는 ANOVA 방법을 클릭한다.

[JASP 모듈 통계분석 옵션 기능 선택] 다음과 같이 설정한다.

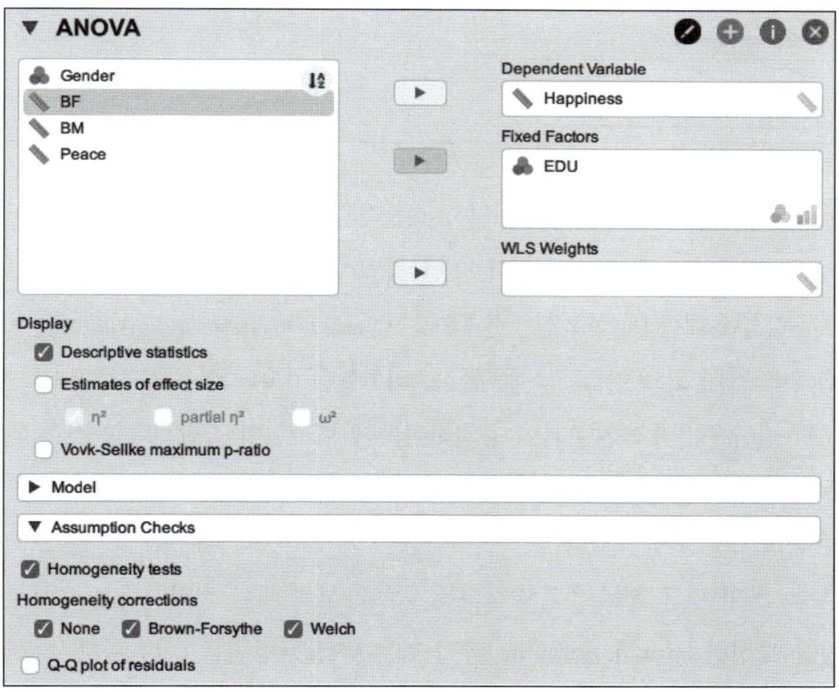

[JASP 분석결과 및 해석]

ANOVA

ANOVA - Happiness

Homogeneity Correction	Cases	Sum of Squares	df	Mean Square	F	p
None	EDU	5.516	3.000	1.839	3.193	0.023
	Residuals	1118.149	1942.000	0.576		
Brown-Forsythe	EDU	5.516	3.000	1.839	3.308	0.020
	Residuals	1118.149	1017.848	1.099		
Welch	EDU	5.516	3.000	1.839	3.343	0.019
	Residuals	1118.149	581.219	1.924		

Note. Type III Sum of Squares

Descriptives

Descriptives - Happiness

EDU	N	Mean	SD	SE	Coefficient of Variation
1	238	3.604	0.700	0.045	0.194
2	474	3.468	0.726	0.033	0.209
3	1034	3.545	0.781	0.024	0.220
4	200	3.643	0.785	0.056	0.216

Assumption Checks

Test for Equality of Variances (Levene's)

F	df1	df2	p
3.393	3.000	1942.000	0.017

분산분석은 각 집단수준의 오차분산이 동일하다는 것을 가정하고 있으며 행복데이터가 이를 충족시키는지를 확인할 필요가 있다. 이를 확인하기 위해서는 평균을 기준으로 한 오차분산의 동일성에 대한 Levene 검정결과(Test of Equality of Variances(Levene's))를 보면 된다. 그 결과 F-값이 3.393이고 그에 대한 유의확률은 0.017로 유의수준 0.05보다 작다. 이는 각 집단수준의 오차분산이 동일하다는 귀무가설이 기각된다는 것을 의미한다. 따라서 교육정도에 따른 네 집단수준의 오차분산은 동일하다고 볼 수 없다.

네 집단수준의 오차분산이 동일하다는 귀무가설이 기각되었기 때문에 교육정도에 따른 네 집단수준 간의 평균 행복이 동일하다는 귀무가설에 대한 검정결과는 오차분산의 비동일성을 보정한 Brown-Forsythe 방법 또는 Welch 방법을 보면 된다. 분산분석표에서 네 집단의 평균이 동일하다는 귀무가설에 대한 Brown-Forsythe 방법에 의한 검정통계량 F-값은 3.308이며 이에 대한 유의확률은 0.02로 일반적인 유의수준 0.05보다 작다. 따라서 각 집단수준의 평균이 동일하다는 귀무가설은 기각된다.

교육정도에 따른 네 집단수준 간의 평균 행복이 동일하다는 귀무가설이 기각되었기 때문에 어느 집단수준에서 차이가 나는지를 사후분석을 통해서 살펴볼 필요가 있다.

[JASP 모듈 통계분석 옵션 기능 선택] – 사후분석

앞의 설정을 유지한 상태에서 추가로 다음과 같이 설정한다.

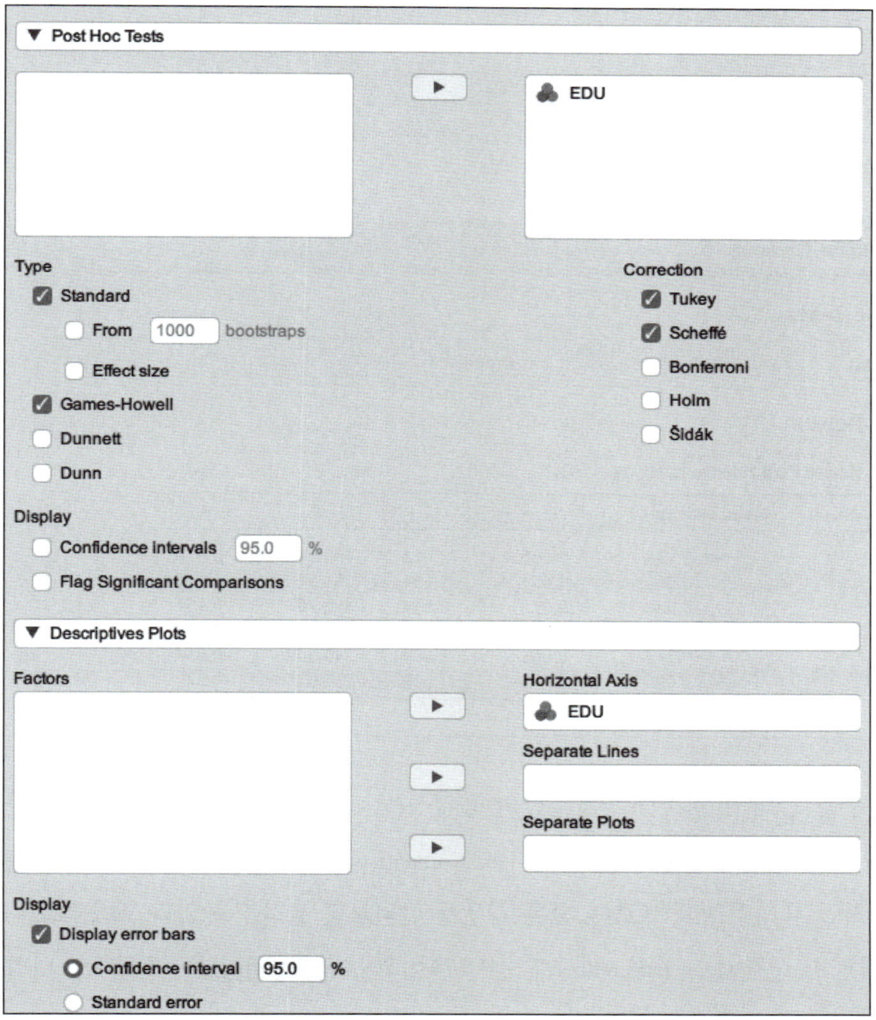

[JASP 분석결과 및 해석] – 사후분석

Descriptives plots

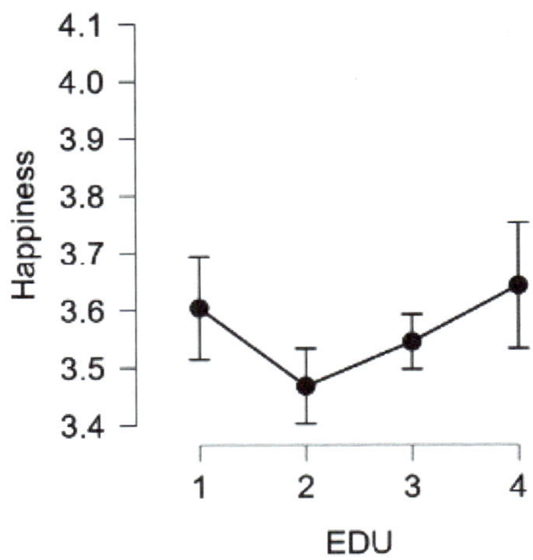

Assumption Checks

Post Hoc Tests

Standard

Games-Howell

Games-Howell Post Hoc Comparisons - EDU

Comparison	Mean Difference	SE	t	df	p_{tukey}
1 - 2	0.136	0.056	2.413	490.543	0.076
1 - 3	0.059	0.051	1.151	385.146	0.658
1 - 4	−0.038	0.072	−0.534	402.707	0.951
2 - 3	−0.077	0.041	−1.857	981.684	0.247
2 - 4	−0.174	0.065	−2.689	349.349	0.037
3 - 4	−0.098	0.061	−1.610	280.515	0.375

Note. Results based on uncorrected means.

각 집단수준 간의 평균 비교 시 분산의 동일성을 가정하지 않는 경우의 Games-Howell 방법에 의한 사후분석 결과(Post Hoc Comparisons)를 살펴보아야 한다. 유의확률이 일반적인 유의수준 0.05보다 작은 경우를 살펴보면 교육정도(2)와 교육정도(4)의 비교 결과 평균차(Mean Difference)가 −0.174이고 유의확률(p_{tukey})이 0.037로 나타났다. 이는 교육정도(2)인 집단이 교육정도(4)인 집단보다는 평균 행복이 낮게 나타났다는 것을 의미한다.

[연구문제 3-1]에 대한 분석결과를 보고하는 일반적인 방법은 <표 3-4>와 같다.

〈표 3-4〉 교육정도별 행복 비교

교육정도	표본의 크기 (n)	평균 (표준편차)	오차분산의 동일성 F(p)	평균의 동일성 F(p)	사후분석[3]
중졸 이하[c]	238	3.604 (0.70)	3.393[1] (0.017)	3.308[2] (0.02)	a<d
고졸 또는 중퇴[a]	474	3.468 (0.726)			
대졸 또는 중퇴[b]	1,034	3.545 (0.781)			
대학원 졸업 또는 중퇴[d]	200	3.643 (0.785)			

1) 오차항 분산의 동일성 검정을 위하여 Levene 검정을 실시하였음.
2) 오차항의 분산이 동일하다는 귀무가설이 기각되어 이를 보정한 Brown-Forsythe 방법을 적용하였음.
3) 사후분석은 오차항 분산이 동일하지 않을 경우 이를 보정한 Games-Howell 방법을 적용하였음.

연구문제 3-2 **이원분산분석**

대한민국 성인의 평균 행복 점수는 성별 및 교육정도에 따른 집단 간에 차이가 있는가? 차이가 있다면 어느 집단이 높은가?

[연구문제 해결을 위한 통계분석 설명]

[연구문제 3-2]는 모집단을 두 종류의 집단구분변수(성별, 교육정도)를 사용하여 각 집단수준 간의 평균 비교에 관심을 가지고 있는 경우이다. 이 경우 이원분산분석(Two-Way ANOVA)을 사용할 수 있다. 이원분산분석에서는 일원분산분석과 같이 각 집단수준에 속하는 구성원 간의 행복 점수가 다른 것은 단지 우연히 발생하였다는 것을 가정한다. 이는 개인적인 행복 점수는 그 개인이 속한 집단수준의 평균 행복 점수와 우연히 발생한 개인적인 오차의 합으로 표현되며, 이러한 오차(error)의 분포는 정

규분포를 따르고 있다는 것을 가정하고 있다는 것을 의미한다. 오차에 대한 정규성 여부를 검정하는 것은 이원분산분석 후에 오차를 추정한 잔차(residual)에 대한 분석을 통하여 가능하다.

[JASP 모듈 선택] – 상호작용이 없는 이원분산분석 모형

[연구문제 3-1]과 같이 통계분석 모듈 중 ANOVA 모듈에서 Classical 파트에 있는 ANOVA 방법을 클릭한다.

[JASP 모듈 통계분석 옵션 기능 선택] 다음과 같이 설정한다.

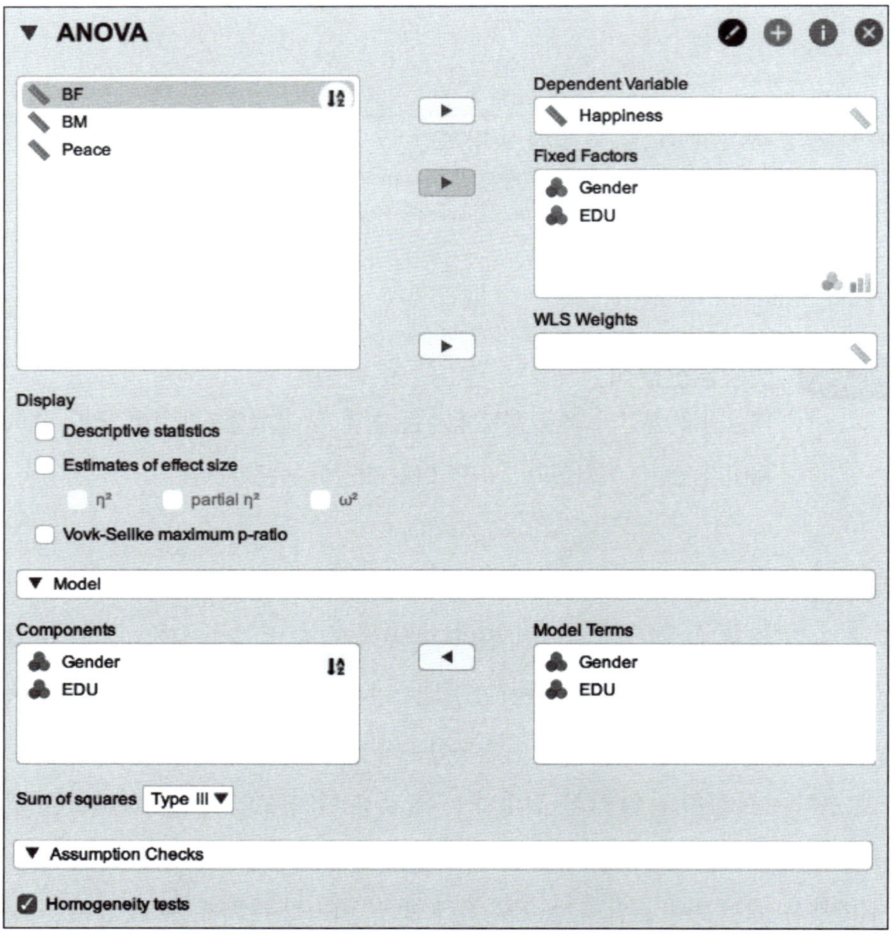

[JASP 분석결과 및 해석]

ANOVA

ANOVA - Happiness

Cases	Sum of Squares	df	Mean Square	F	p
Gender	0.470	1	0.470	0.815	0.367
EDU	5.485	3	1.828	3.175	0.023
Residuals	1117.679	1941	0.576		

Note. Type III Sum of Squares

Assumption Checks

Test for Equality of Variances (Levene's)

F	df1	df2	p
1.682	7.000	1938.000	0.109

성별(Gender)과 교육정도(EDU)의 효과가 있는지를 살펴보기 위하여 그에 해당되는 유의확률을 보면 성별의 경우 0.367로 유의수준 0.05보다 큰 것을 알 수 있다. 이는 남녀 간의 평균 행복 점수의 차이가 없다는 것을 의미한다. 따라서 이원분산분석 모형에서 성별(Gender)을 제거한 모형인 일원분산분석모형으로 돌아가야 한다. 이는 [연구문제 3-1]과 같다.

연구문제 3-3 이원분산분석(상호작용 검증)

대한민국 성인의 평균 평화 점수는 성별 및 교육정도에 따른 집단 간에 차이가 있는가? 차이가 있다면 어느 집단이 높은가?

[JASP 모듈 통계분석 옵션 기능 선택] – 상호작용이 없는 이원분산분석 모형

다음과 같이 설정한다.

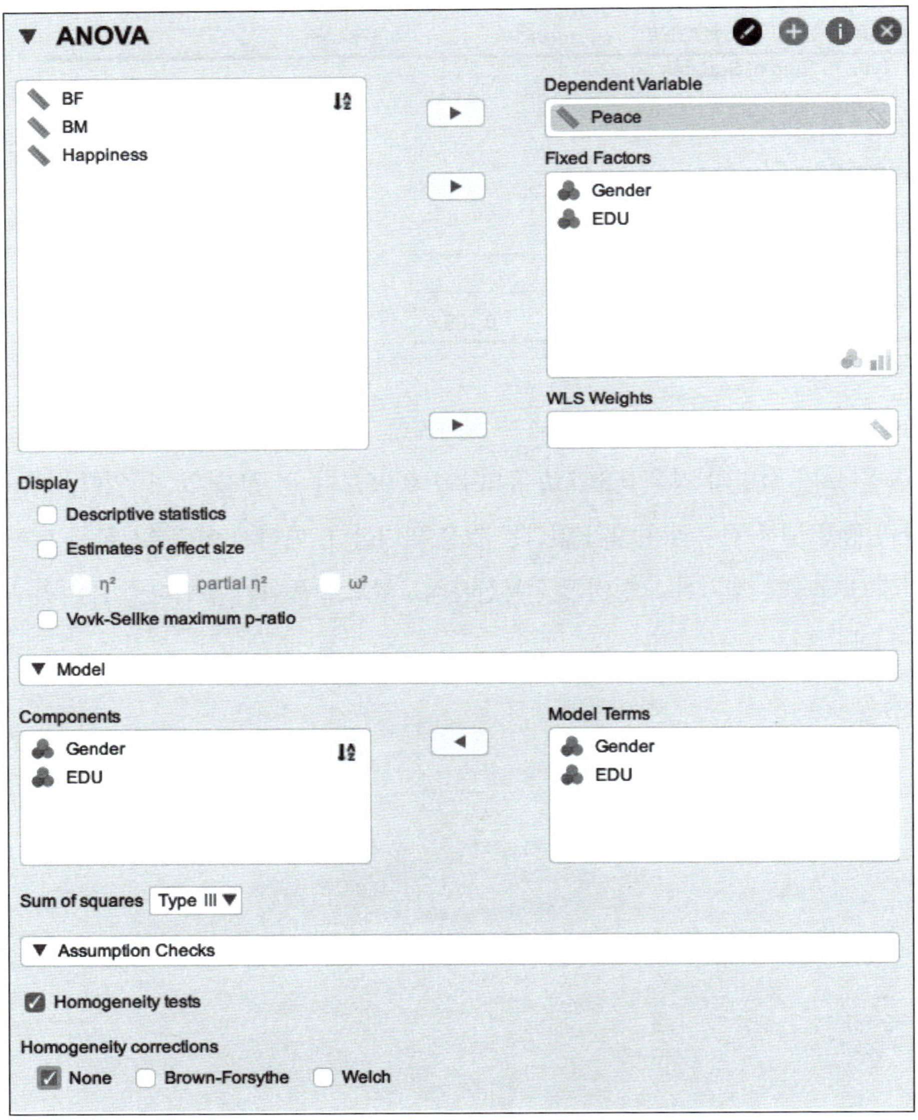

[JASP 분석결과 및 해석] – 상호작용이 없는 이원분산분석 모형

ANOVA

ANOVA - Peace

Cases	Sum of Squares	df	Mean Square	F	p
Gender	2.626	1	2.626	5.875	0.015
EDU	13.013	3	4.338	9.704	< .001
Residuals	867.640	1941	0.447		

Note. Type III Sum of Squares

Assumption Checks

Test for Equality of Variances (Levene's)

F	df1	df2	p
6.346	7.000	1938.000	< .001

종속변수 평화를 설명하기 위하여 성별(Gender)과 교육정도(EDU)가 유의한 변수인지를 살펴보기 위하여 그에 해당되는 유의확률을 보면 성별의 경우 0.015이고 교육정도의 경우 <.001로 모두 유의수준 0.05보다 작은 것을 알 수 있다. 이는 성별과 교육정도에 따라서 평균 평화 점수는 다르게 나타난다는 것을 의미한다.

여기서 연구자는 성별에 따른 평화 점수의 변화가 교육정도에 따라서 같게 나타나는지 아니면 다르게 나타나는지(혹은, 교육정도에 따른 평화 점수의 변화가 성별에 따라서 같게 나타나는지 아니면 다르게 나타나는지)를 살펴볼 필요가 있다. 이 경우 교육정도(또는 성별)를 성별(또는 교육정도)과 평화 점수의 관계를 조절하는 조절변수(moderator)라고 부르고, 조절변수가 관계에 미치는 효과를 조절효과(moderating effect)라고 부른다. 조절효과를 검증하는 방법은 종속변수를 설명하기 위한 두 집단 변수인 성별과 교육정도 사이의 상호작용(interaction) 항을 이원분산분석 모형에 넣어서 분석하는 것이다.

[JASP 모듈 통계분석 옵션 기능 선택] – 상호작용이 있는 이원분산분석 모형

다음과 같이 설정한다.

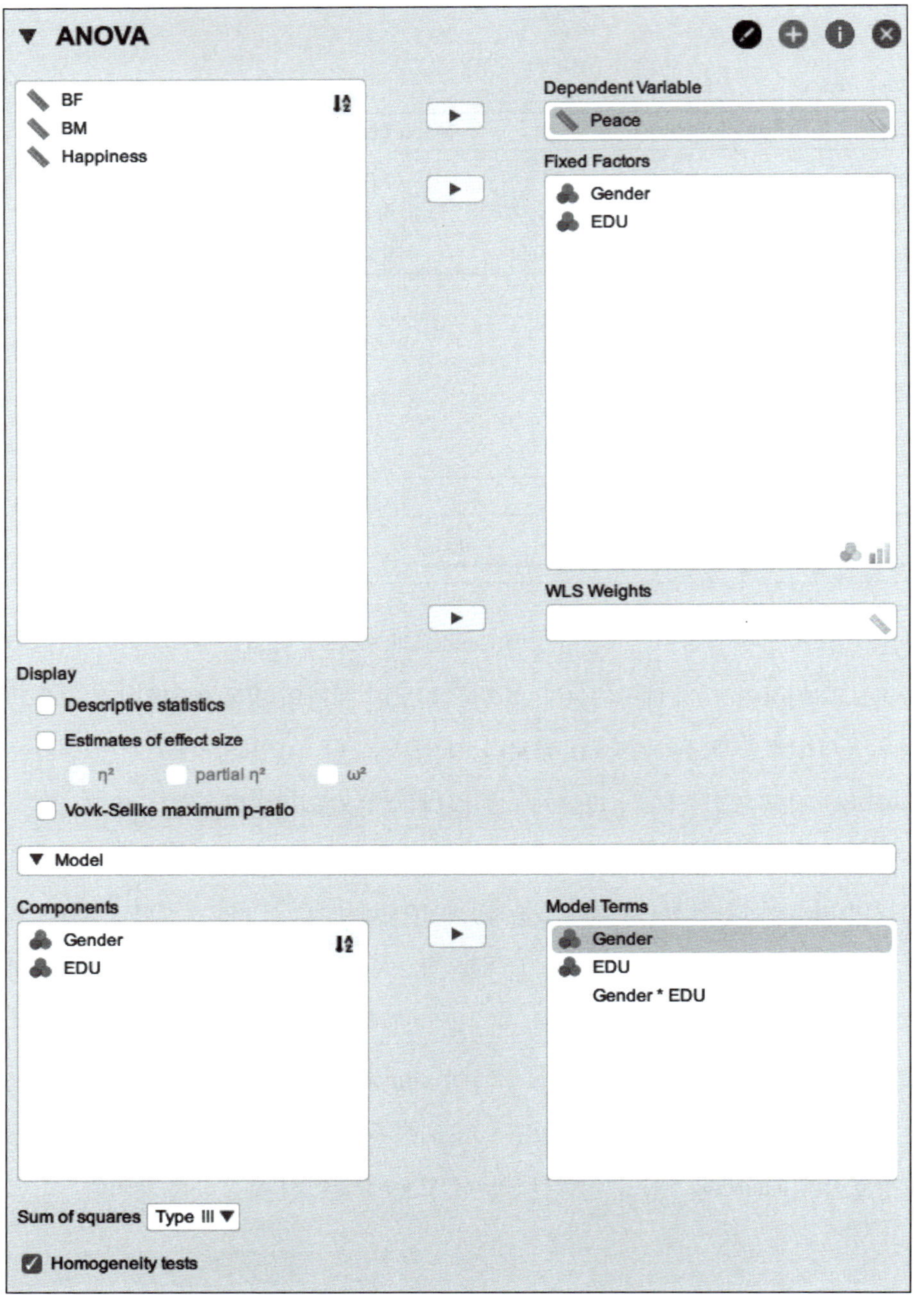

[JASP 분석결과 및 해석] – 상호작용이 있는 이원분산분석 모형

ANOVA

ANOVA - Peace

Cases	Sum of Squares	df	Mean Square	F	p
Gender	0.970	1	0.970	2.169	0.141
EDU	13.339	3	4.446	9.943	< .001
Gender ∗ EDU	1.005	3	0.335	0.749	0.523
Residuals	866.635	1938	0.447		

Note. Type III Sum of Squares

Assumption Checks

Test for Equality of Variances (Levene's)

F	df1	df2	p
6.346	7.000	1938.000	< .001

종속변수 평화를 설명하기 위한 상호작용이 있는 이원분산분석 모형에서 상호작용 효과가 있는지 여부를 판단하기 위한 유의확률을 살펴보면 0.523으로 유의수준 0.05보다 크게 나타났다. 이는 상호작용 효과가 없다는 것을 의미한다. 따라서 성별과 교육정도의 상호작용이 없는 이원분산분석 모형을 분석하여야 한다. 이는 바로 앞에서 다룬 [연구문제 3-3]의 '상호작용이 없는 이원분산분석 모형'의 결과와 같다.

하지만 앞에서의 출력결과는 성별과 교육정도라는 변인이 평화를 설명하기 위한 유의미한 변인인지를 판단하기 위한 분석이었으며 논문에서 분산분석표(ANOVA table) 형태로 분석결과를 보고하기 위해서는 제1유형 제곱합(Type I Sum of Squares)의 형태로 분석된 결과를 보고하여야 한다. 이를 위해서는 평화를 설명하는 설명력이 높은 요인 순으로 변수를 입력하여야 한다. 앞의 '상호작용이 없는 이원분산분석 모형' 출력결과를 살펴보면 교육정도(EDU)의 제3유형 제곱합이 13.013으로 성별(Gender)의 제3유형 제곱합인 2.626보다 높은 것을 알 수 있다. 논문에서 분산분석표를 작성하기 위한 출력결과를 얻기 위한 방법은 다음과 같다.

[JASP 모듈 통계분석 옵션 기능 선택] – 제1유형 제곱합 분산분석표 작성 방법

다음과 같이 설정한다.

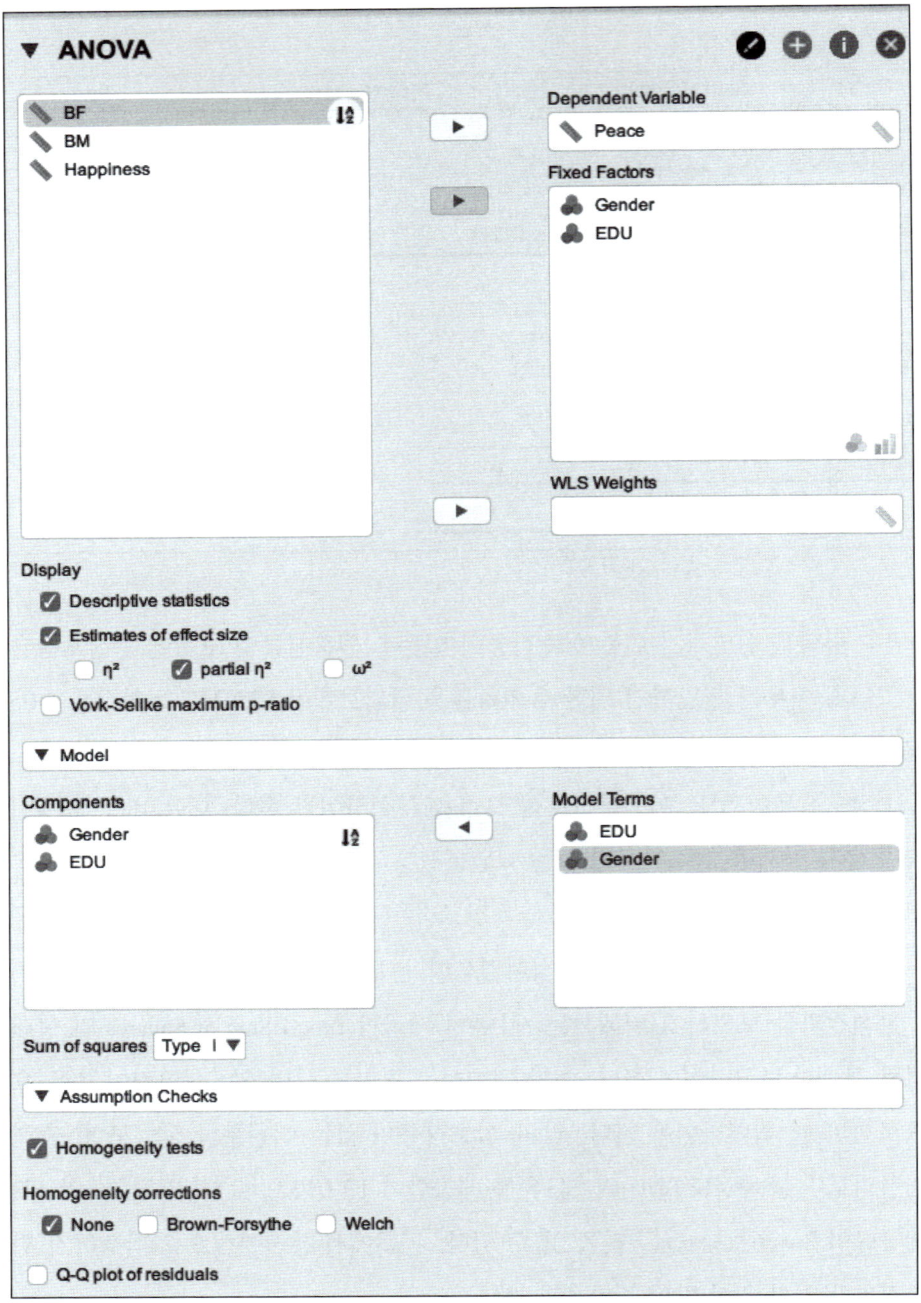

[JASP 분석결과 및 해석]

ANOVA

ANOVA - Peace

Cases	Sum of Squares	df	Mean Square	F	p	η_p^2
EDU	13.739	3	4.580	10.245	< .001	0.016
Gender	2.626	1	2.626	5.875	0.015	0.003
Residuals	867.640	1941	0.447			

Note. Type I Sum of Squares

Descriptives

Descriptives - Peace

Gender	EDU	N	Mean	SD	SE	Coefficient of Variation
0	1	184	3.707	0.531	0.039	0.143
	2	278	3.523	0.588	0.035	0.167
	3	587	3.557	0.663	0.027	0.186
	4	97	3.775	0.703	0.071	0.186
1	1	54	3.756	0.637	0.087	0.169
	2	196	3.472	0.704	0.050	0.203
	3	447	3.462	0.747	0.035	0.216
	4	103	3.638	0.682	0.067	0.188

Descriptives plots

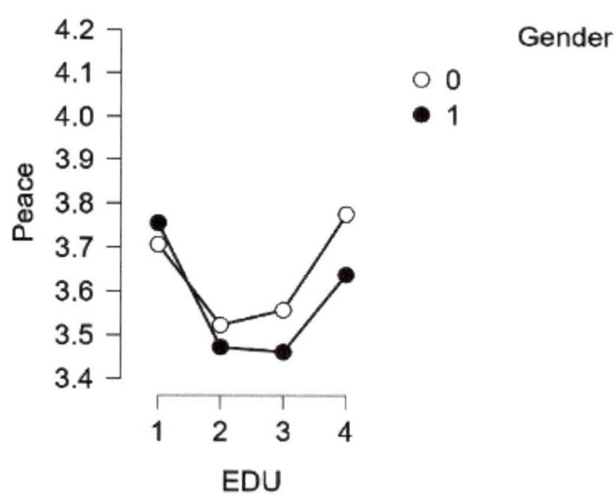

종속변수 평화에 대하여 교육정도(EDU)와 성별(Gender)의 유의성에 대한 유의확률이 각각 <.001과 0.015로 모두 유의수준 0.05보다 작게 나타났다.

아울러 전체 제곱합 중 해당 요인(Cases)에 의해서 순차적으로 설명되는 제곱합의 비율을 나타내는 지표가 η_p^2이다. 출력결과를 토대로 살펴보면, 교육정도(EDU) 요인에 의해서 설명되는 제곱합(Sum of Squares)이 13.739이며, 이는 평화의 전체 제곱합(JASP

출력결과에는 나타나 있지 않음) 중 1.6%(0.016)(partial η²값을 나타내는 η_p^2 값을 보면 됨)를 차지하며, 추가적인 요인 성별(Gender)에 의해서 설명되는 제곱합은 2.626이고, 이는 평화를 설명하기 위해서 우선적으로 교육정도(EDU) 요인에 의해서 설명된 후에 추가적으로 성별(Gender) 요인에 의해서 설명되는 제곱합이 평화의 전체 제곱합 중 0.3%(0.003)를 차지한다는 것을 의미한다.

아울러, 교육정도 요인과 성별 요인에 의해서 설명되는 제곱합은 16.365(=13.739+2.626)이고, 이는 전체 제곱합의 1.9%(0.019)를 설명하고 있다는 것을 의미한다. 이 값이 모형의 설명력을 나타내는 결정계수(R^2)이다.

성별과 교육정도를 토대로 평화를 설명하기 위한 이원분산분석 모형을 적용할 경우 평화 점수에 대한 교육정도(1), 교육정도(2), 교육정도(3), 교육정도(4) 집단의 평균은 여성(Gender=0)의 경우 각각 3.707, 3.523, 3.557, 3.775로 나타났으며, 남성(Gender=1)의 경우 3.756, 3.472, 3.462, 3.638로 나타났다.

Assumption Checks

Test for Equality of Variances (Levene's)

F	df1	df2	p
6.346	7.000	1938.000	< .001

오차분산의 동일성에 대한 검정결과 유의확률이 일반적인 유위수준 .05보다 작게 나타났다. 따라서 성별과 교육정도에 따른 8개 집단의 오차분산이 동일하다는 귀무가설은 기각된다. 이는 오차분산의 동일성을 가정하고 있는 이원분산분석 모형을 적용할 경우 해석에 있어서 보다 신중을 기할 필요가 있다는 것을 의미한다.

참고로 이원분산분석 모형에서는 오차항의 등분산성 가정이 성립되지 않을 경우에 일원분산분석 모형에서 제공되는 수정 방법(Brown-Forsythe 또는 Welch)이 제공되지 않는다. 하지만 오차분산의 동일성 가정이 성립되지 않는 경우에도 사후분석을 수행할 수 있는 Games-Howell 옵션을 통하여 사후분석을 실시할 수 있다.

[JASP 모듈 통계분석 옵션 기능 선택] – 등분산성을 가정할 수 없을 경우의 사후분석

다음과 같이 설정한다.

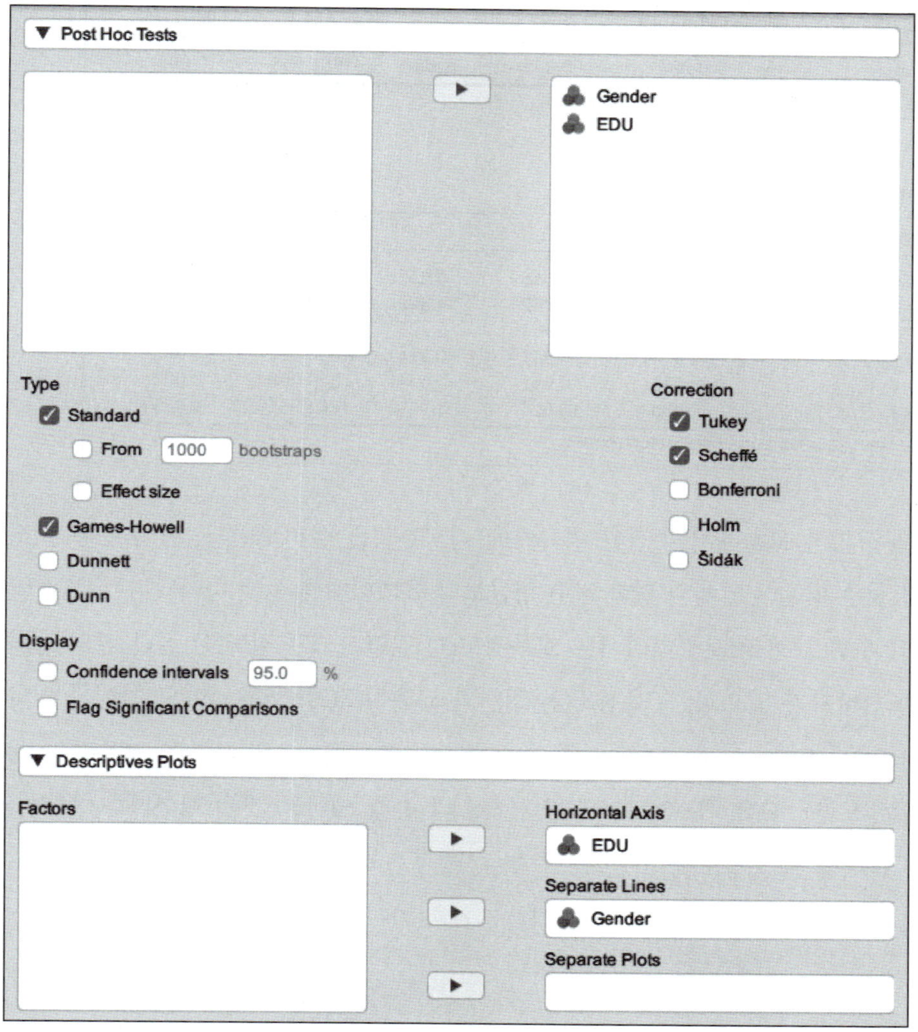

[JASP 분석결과 및 해석]

Games-Howell

Games-Howell Post Hoc Comparisons - Gender

Comparison	Mean Difference	SE	t	df	p_{tukey}
0 - 1	0.084	0.032	2.656	1566.503	0.008

Note. Results based on uncorrected means.

Games-Howell Post Hoc Comparisons - EDU

Comparison	Mean Difference	SE	t	df	p_{tukey}
1 - 2	0.216	0.046	4.653	537.304	< .001
1 - 3	0.202	0.042	4.809	429.531	< .001
1 - 4	0.014	0.061	0.223	378.909	0.996
2 - 3	−0.014	0.037	−0.374	1000.624	0.982
2 - 4	−0.203	0.057	−3.544	348.058	0.003
3 - 4	−0.189	0.054	−3.519	283.351	0.003

Note. Results based on uncorrected means.

이원분산분석 모형에서 추정된 평균차에 검정결과를 살펴보면, 성별의 경우 여성의 평화 점수 평균이 남성의 평화 점수 평균보다 유의미하게 높게 나타났다는 것을 알 수 있다. 또한 교육정도에 따라서는 교육정도(1) 집단과 교육정도(4) 집단 간의 평화지수 평균의 차가 없으며, 교육정도(2) 집단과 교육정도(3) 집단 간에도 차이가 없다는 것을 알 수 있다. 이는 교육정도의 수준에 따른 집단은 (교육정도(4), 교육정도(1))과 (교육정도(3), 교육정도(2))의 두 집단으로 나눌 수 있다는 것을 의미한다. 이러한 결과는 남녀별 교육정도에 따른 평화 점수 평균을 시각적으로 표현한 기술통계도(Descriptives plots)에서도 확인할 수 있다.

04 두 변수 간의 **상관관계**

연구문제 4-1 | **상관분석**

건강한 자기관리와 행복은 어떠한 상관관계가 있는가?

[연구문제 해결을 위한 통계분석 설명]

연구자는 두 변수가 같은 방향으로 움직이는지(양의 관계) 아니면 다른 방향으로 움직이는지(음의 관계)에 관심을 가지고 있는 경우가 있다. 이러한 경우에는 상관분석을 토대로 두 변수 간의 선형적인 관계성을 파악한다. 두 변수 간의 선형적인 상관관계를 나타내는 통계량이 상관계수(correlation coefficient)이며 이 값의 범위는 -1과 +1 사이의 값을 갖는다. 상관계수가 양수인 경우에는 두 변수는 양의 관계에 있어서 같은 방향으로 움직인다는 것을 의미하고, 상관계수가 음수인 경우에는 두 변수는 음의 관계에 있어서 한 변수의 값이 증가할 경우 다른 변수의 값은 감소하다는 것을 의미한다.

[JASP 모듈 선택]

통계분석 모듈 중 Regression 모듈에서 Classical 파트에 있는 Correlation 방법을 클릭한다.

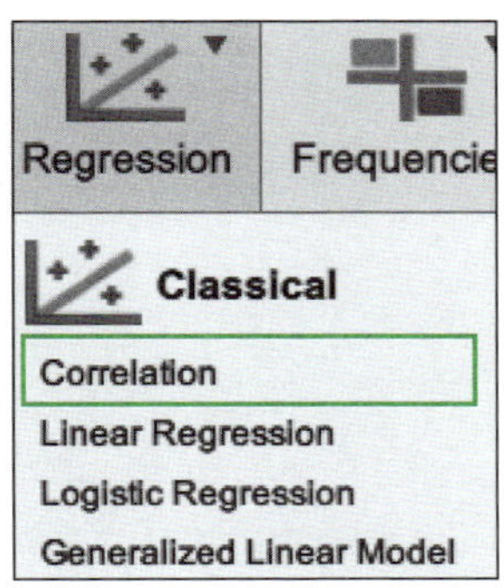

[JASP 모듈 통계분석 옵션 기능 선택]

다음과 같이 설정한다.

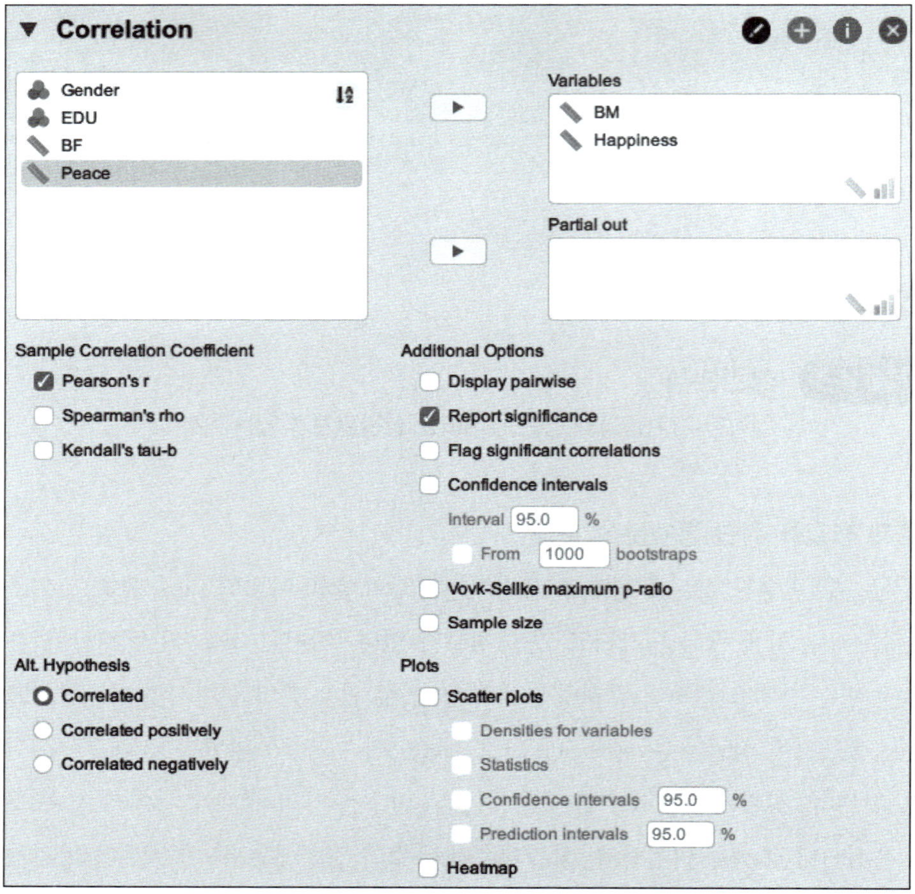

[JASP 분석결과 및 해석]

Correlation

Pearson's Correlations

Variable		BM	Happiness
1. BM	Pearson's r	—	
	p-value	—	
2. Happiness	Pearson's r	0.519	—
	p-value	< .001	—

건강한 자기관리(BM)와 행복(Happiness)의 (표본)상관계수의 값은 0.519이고 두 변수간의 모상관계수(모집단 전체에서 구할 수 있는 상관계수로 일반적으로 연구자가 알고자 하는 값)가 0이라는 귀무가설이 참이라는 가정에서 표본상관계수에 대한 유의확률은 <.001로 나타났다. 따라서 유의수준 0.05에서 두 변수는 선형적인 상관관계가 없다는 귀무가설은 기각되며, 표본상관계수의 값을 토대로 볼 때 이는 '건강한 자기관리'와 '행복'은 양의 상관관계가 있다는 것을 의미한다.

연구문제 4-2 | **편상관분석**

건강한 몸의 느낌의 영향을 제거한 후 건강한 자기관리와 행복의 상관관계는 어떠한가?

[연구문제 해결을 위한 통계분석 설명]

[연구문제 4-1]은 두 변수 간의 선형적인 상관관계에 관심이 있다. 반면에 [연구문제 4-2]는 두 변수 간의 선형적인 상관관계에 관심이 있지만 두 변수와 밀접한 관계에 있을 수도 있는 제3변수가 두 변수에 미치는 영향을 제거한 후에 두 변수 간의 관계를 살펴보고자 하는 것이다. 이와 같은 경우의 상관분석을 편상관분석(partial correlation analysis)이라고 부른다.

[JASP 모듈 통계분석 옵션 기능 선택]

다음과 같이 설정한다.

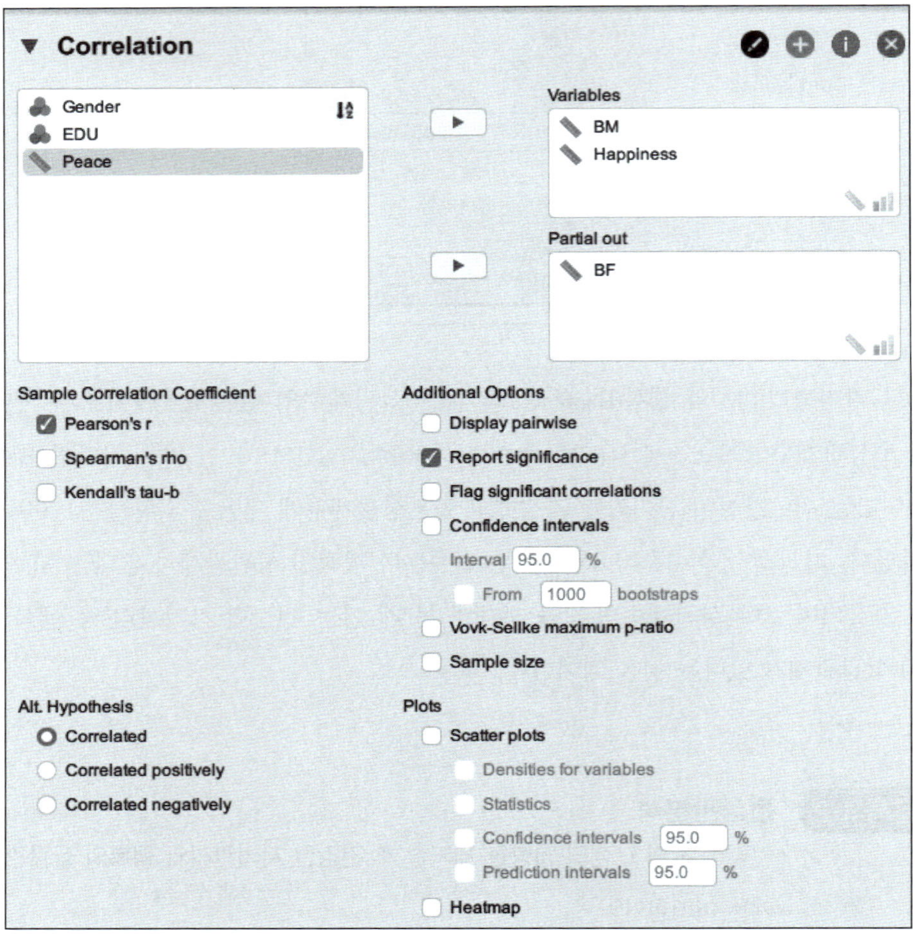

[JASP 분석결과 및 해석]

Correlation

Pearson's Partial Correlations

Variable		BM	Happiness
1. BM	Pearson's r	—	
	p-value	—	
2. Happiness	Pearson's r	0.281	—
	p-value	< .001	—

Note. Conditioned on variables: BF.

'건강한 몸의 느낌'이 '건강한 자기관리'와 '행복'에 미치는 영향을 제거한 후 '건강한 자기관리'와 '행복'의 편상관계수를 구한 결과 그 값은 0.281이며 모집단의 편상관계수가 0이라는 귀무가설에 대한 유의확률의 값은 <.001로 매우 작게 나타났다. 이는 '건강한 몸의 느낌'의 영향을 제거하여도('건강한 몸의 느낌'을 상수로 고정한 후에도) '건강한 자기관리'와 '행복'은 강력한 양의 상관관계가 있다는 것을 의미한다.

05 설명변수와 반응변수의 **선형회귀관계**

연구문제 5-1 **단순선형회귀분석**

건강한 자기관리를 잘할수록 행복이 어떻게 달라지는가?

[연구문제 해결을 위한 통계분석 설명]

[연구문제 5-1]은 두 변수 간의 구체적인 선형함수관계에 관심이 있다. 구체적인 선형함수관계란 독립변수(X)와 종속변수(Y)의 선형함수관계에 있어서 기울기와 절편의 값이 나타난 관계를 말한다. 이와 같은 경우에 적용되는 분석기법이 단순선형회귀분석(simple linear regression analysis)이다. 회귀분석에서는 독립변수의 값이 1단위 증가됨에 따라서 종속변수가 어느 정도 증가되는지를 파악하는 것이 주된 관심사항이기 때문에 일반적으로 기울기에 관심을 더 갖게 된다.

단순선형회귀모형에서는 종속변수를 독립변수에 대한 선형함수와 오차항의 합으로 표현하며 오차항에 대한 분포는 각 측정값이 서로 독립인 정규분포를 가정한다. 따라서 회귀분석을 적용하기 위해서는 오차항에 대한 독립성과 정규성 및 독립변수의 값에 관계없이 오차항의 분산이 동일하다는 것(이를 오차항의 등분산성이라고 부른다)을 검정하여야 한다.

오차항에 대한 독립성은 잔차에 대한 Durbin-Watson 검정을 통해서 가능하며, 정규성은 표준화된 잔차에 대한 정규성 검정을 통하여 가능하다. 오차항의 등분산성에 대한 검정은 독립변수와 잔차(residual)에 대한 산점도(scatter plot)를 통하여 시각적으로 확인할 수 있다.

[JASP 모듈 선택]

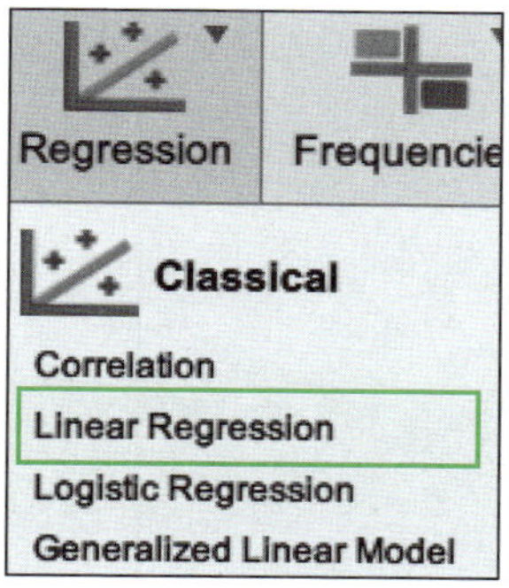

통계분석 모듈 중 Regression 모듈에서 Classical 파트에 있는 Linear Regression 방법을 클릭한다.

[JASP 모듈 통계분석 옵션 기능 선택]

다음과 같이 설정한다.

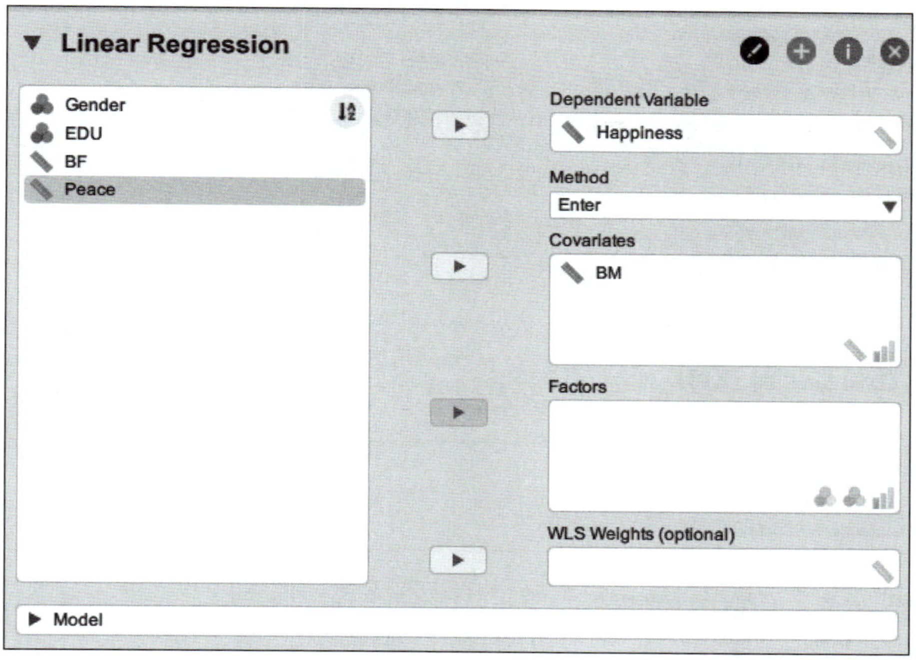

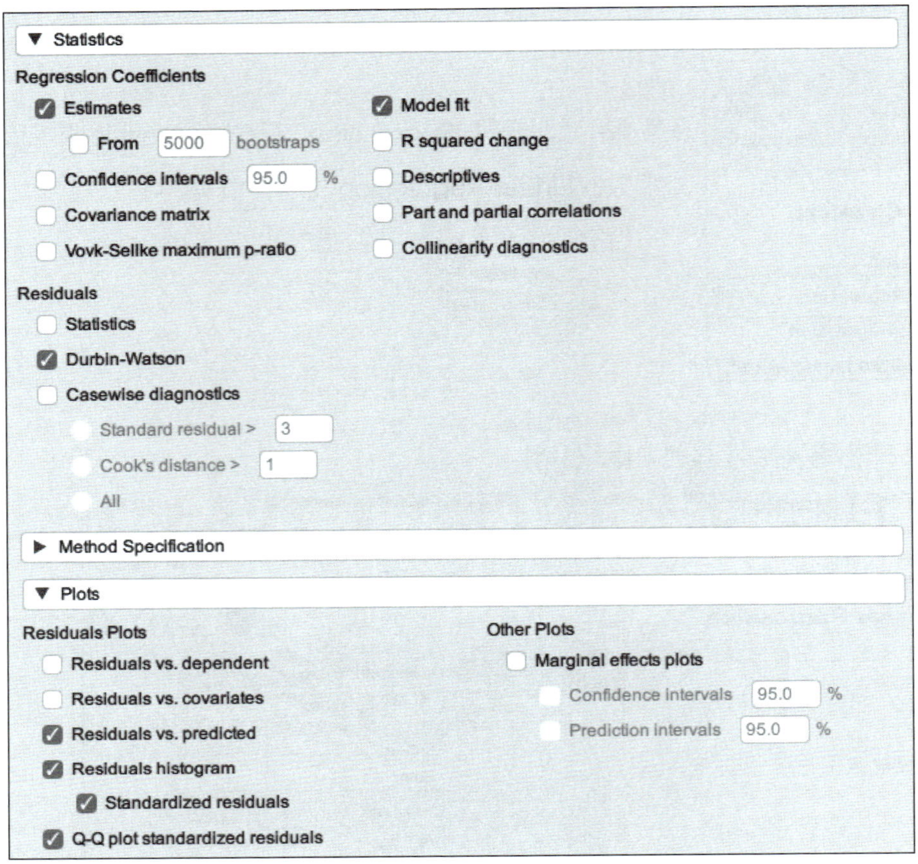

[JASP 분석결과 및 해석]

Linear Regression

Model Summary - Happiness

					Durbin-Watson		
Model	R	R²	Adjusted R²	RMSE	Autocorrelation	Statistic	p
H_0	0.000	0.000	0.000	0.760	0.147	1.706	< .001
H_1	0.519	0.270	0.269	0.650	0.101	1.797	< .001

ANOVA

Model		Sum of Squares	df	Mean Square	F	p
H_1	Regression	302.950	1	302.950	717.589	< .001
	Residual	820.714	1944	0.422		
	Total	1123.665	1945			

Note. The intercept model is omitted, as no meaningful information can be shown.

Coefficients

Model		Unstandardized	Standard Error	Standardized	t	p
H_0	(Intercept)	3.544	0.017		205.662	< .001
H_1	(Intercept)	2.051	0.058		35.581	< .001
	BM	0.502	0.019	0.519	26.788	< .001

'건강한 자기관리'를 독립변수로 하고 '행복'을 종속변수로 하는 단순선형회귀분석 결과 기울기(B)는 0.502이고 이에 대한 유의확률은 <.001로 나타났다. 이는 '건강한 자기관리'가 1점 증가할 경우 '행복'은 0.502점 증가한다는 것을 의미한다. 표준화 계수인 베타(β) 값은 0.519로 나타났다. 이는 '건강한 자기관리'가 1 표준편차 증가할 경우 '행복'은 0.519 표준편차 증가한다는 것을 의미한다.

'건강한 자기관리'로 '행복'을 설명하는 단순선형회귀모형의 설명력(R^2)은 0.27로 나타났다. 이는 전체 '행복'의 변동 중 '건강한 자기관리' 변수로 27%를 설명하고 있다는 것을 의미한다. 일반적으로 좋은 회귀모형으로 간주되기 위해서는 최소 20% 이상의 설명력이 요구되며, 40% 이상의 설명력을 나타낼 경우 훌륭한 연구결과로 간주된다.

오차항의 독립성을 검정하기 위해서는 Durbin-Watson 통계량 값을 살펴보아야 한다. <표 3-5>는 표본의 크기가 100 이상일 경우 독립변수의 수에 따른 Durbin-Watson 통계량의 상한(d_U) 및 하한(d_L) 값이다. 상한(d_U)보다 크면 오차항은 서로 독립이라고 판단하고, 하한(d_L)보다 작으면 오차항은 서로 양의 상관관계에 있다고 판단하며, 하한과 상한 사이의 값일 경우 판단을 유보한다.

〈표 3-5〉 Durbin-Watson 통계량의 상한 및 하한

독립변수의 수	하한(d_L)	상한(d_U)
1	1.65	1.69
2	1.63	1.72
3	1.61	1.74
4	1.59	1.76
5	1.57	1.78

[연구문제 5-1]에 대한 Durbin-Watson 통계량 값은 1.797로 나타났으며, 이는 독립변수의 수가 1인 경우의 상한인 1.69보다 크게 나타났다. 따라서 오차항은 서로 독립이라고 판단할 수 있다.

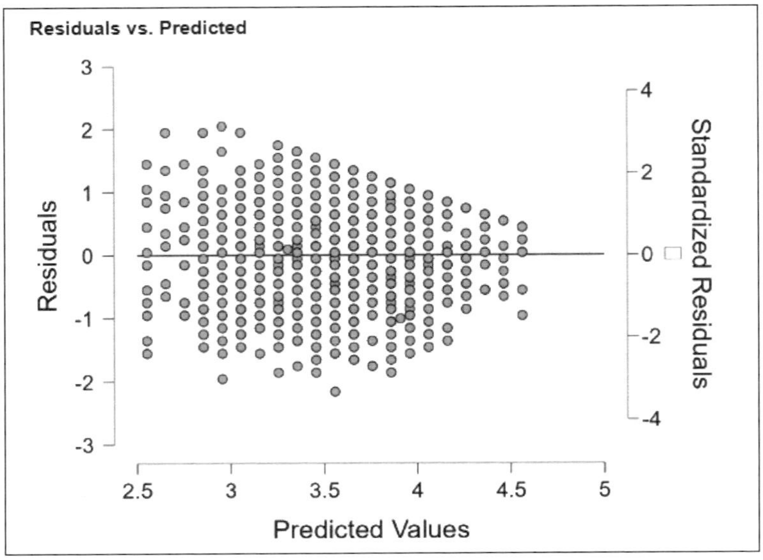

오차항의 등분산성을 입증하기 위해서는 JASP 산점도에서 '예측값(Predicted Values)'의 변화에 관계없이 '잔차(Residuals)'의 분산이 동일한 모습을 보여야 한다. 위의 산점도(scatter plot)를 살펴보면 독립변수인 표준화된 '건강한 자기관리'를 설명변수로 하여 예측된 '행복'의 값이 증가할수록 잔차(또는 표준화된 잔차(Standardized Residuals))의 분산(퍼져있는 정도)이 감소되는 형태를 보이고 있는 것으로 의심된다. 이는 '건강한 자기관리'를 잘하는 집단일수록 '행복'의 개인적인 차이는 감소되고 있다는 것을 의미하고 있다. 이에 대한 분석은 '행복'의 분산이 '건강한 자기관리'의 값과 반비례하도록 설정한 가중최소제곱(weighted least squares) 방법을 사용하는데 연구초보자에게는 다소 어렵기 때문에 여기에서는 살펴보지 않기로 한다.

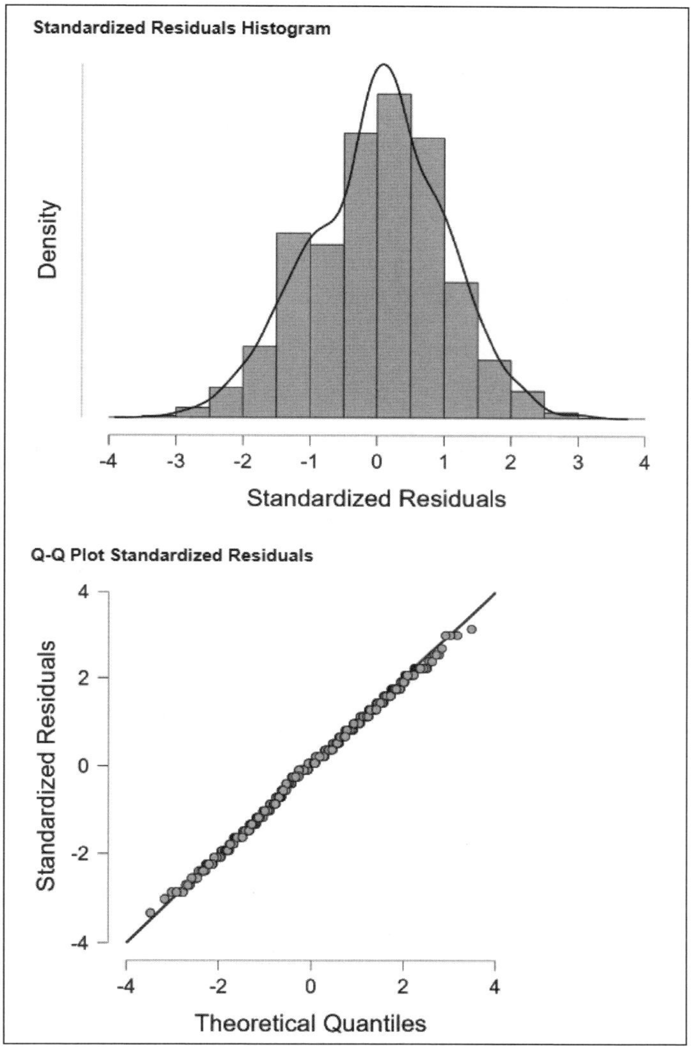

표준화된 잔차(Standardized Residuals)에 대한 히스토그램(Histogram)과 Q-Q 그림(Q-Q plot)을 살펴보면, 표준화된 잔차가 정규분포로부터 크게 벗어난 형태를 보이지 않는다는 것을 시각적으로 확인할 수 있다. 오차항에 대한 등분산성과 정규성을 가정할 수가 없을 경우에는 [연구문제 5-1]과 같은 연구가설 검정을 위하여 단순선형회귀분석을 적용하는 것은 문제가 있을 수 있다. 이에 대한 대안은 일반적으로 종속변수에 대한 변수변환을 사용하는 방법과 비모수적인 통계방법을 사용하는 방법이 있지만 이에 대한 자세한 내용을 여기에서는 다루지 않기로 한다.

연구문제 5-2 **다중선형회귀분석**
건강한 자기관리와 건강한 몸의 느낌이 변화함에 따라 행복은 어떻게 변화하는가?

[연구문제 해결을 위한 통계분석 설명]

[연구문제 5-2]는 두 개 이상의 독립변수로 종속변수를 설명하기 위한 방법으로 다중선형회귀분석(multiple linear regression analysis)을 통하여 해결할 수 있다. 단순선형회귀분석과 마찬가지로 다중선형회귀분석(줄여서 다중회귀분석이라고도 부른다)에서도 독립변수의 값이 1단위 증가됨에 따라서 종속변수가 어느 정도 증가되는지를 파악하는 것이 주된 관심사항이기 때문에 일반적으로 기울기에 관심을 더 갖게 된다.

다중선형회귀모형에서는 종속변수를 독립변수들에 대한 선형함수와 오차항의 합으로 표현하며 오차항에 대한 분포는 각 측정값이 서로 독립인 정규분포를 가정한다. 따라서 다중회귀분석을 적용하기 위해서는 오차항에 대한 독립성과 정규성 및 독립변수의 값에 관계없이 오차항의 분산이 동일하다는 것(이를 오차항의 등분산성이라고 부른다)을 검정하여야 한다.

오차항에 대한 독립성은 잔차에 대한 Durbin-Watson 검정을 통해서 가능하며, 정규성은 표준화된 잔차에 대한 정규성 검정을 통하여 가능하다. 오차항의 등분산성에 대한 검정은 독립변수와 잔차(residual)에 대한 산점도(scatter plot)을 통하여 시각적으로 확인할 수 있다.

다중회귀분석에서는 두 개 이상의 독립변수가 주어졌다는 가정에서 종속변수에 대한 분포를 가정하고 있다. 이는 독립변수들은 서로 독립적이어야 한다는 것을 의미한다. 어느 독립변수가 다른 독립변수들의 선형함수로 표현될 수 있을 경우 그 변수는 다른 변수와 독립적이지 못하다고 하며 이를 판단하는 값이 공선성 통계량인 VIF(variance inflation factor)이다. 일반적으로 VIF 값이 10 이상일 경우 해당변수는 다른 독립변수들과 독립적이지 않다고 판단한다.

[JASP 모듈 통계분석 옵션 기능 선택]

다음과 같이 설정한다.

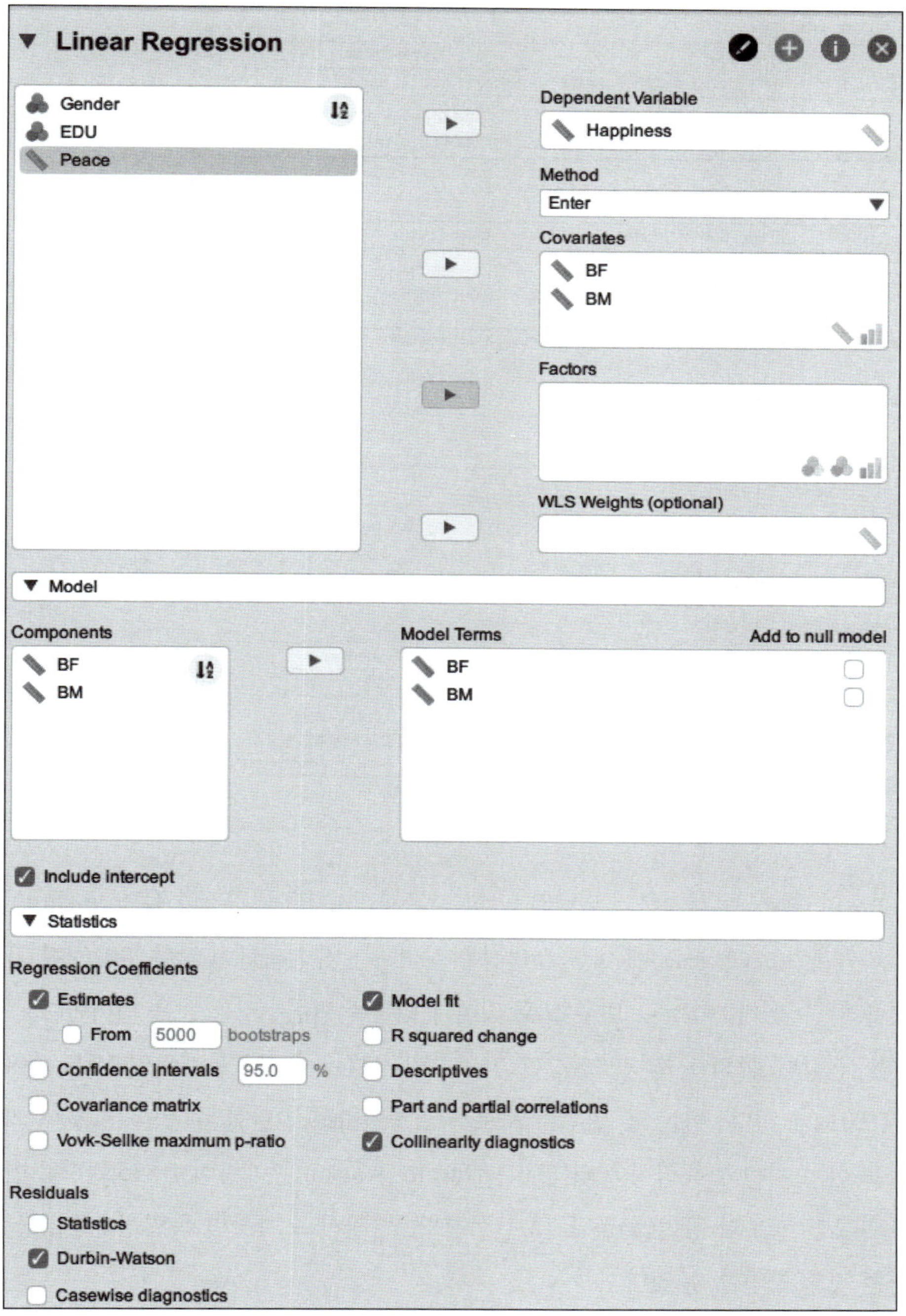

[JASP 분석결과 및 해석]

Linear Regression

Model Summary - Happiness

Model	R	R^2	Adjusted R^2	RMSE	Durbin-Watson		
					Autocorrelation	Statistic	p
H_0	0.000	0.000	0.000	0.760	0.147	1.706	< .001
H_1	0.579	0.335	0.334	0.620	0.082	1.835	< .001

ANOVA

Model		Sum of Squares	df	Mean Square	F	p
H_1	Regression	376.465	2	188.232	489.474	< .001
	Residual	747.200	1943	0.385		
	Total	1123.665	1945			

Note. The intercept model is omitted, as no meaningful information can be shown.

Coefficients

Model		Unstandardized	Standard Error	Standardized	t	p	Collinearity Statistics	
							Tolerance	VIF
H_0	(Intercept)	3.544	0.017		205.662	< .001		
H_1	(Intercept)	1.610	0.064		25.315	< .001		
	BF	0.331	0.024	0.331	13.826	< .001	0.596	1.677
	BM	0.299	0.023	0.309	12.887	< .001	0.596	1.677

Collinearity Diagnostics

Model	Dimension	Eigenvalue	Condition Index	Variance Proportions		
				(Intercept)	BF	BM
H_1	1	2.945	1.000	0.006	0.004	0.004
	2	0.034	9.292	0.896	0.044	0.375
	3	0.021	11.781	0.099	0.952	0.621

Note. The intercept model is omitted, as no meaningful information can be shown.

Note. The intercept model is omitted, as no meaningful information can be shown.

종속변수인 '행복'을 설명하기 위한 '건강한 자기관리(BM)'와 '건강한 몸의 느낌(BF)' 변수의 회귀계수(Coefficients)에 대한 유의성을 살펴보면 유의확률이 모두 .001보다 작다는 것을 알 수 있다. 이는 두 변수 모두 의미가 있는 독립변수라는 것을 의미한다.

아울러 '건강한 몸의 느낌'과 '건강한 자기관리' 모두 공선성 통계량인 VIF 값이 1.677로 10보다 작다. 이는 두 변수는 서로 독립적이라고 판단할 수 있다는 것을 의미한다. 또한 오차항의 독립성을 나타내는 Durbin-Watson 통계량이 1.835로 독립변수의 수가 2인 경우의 상한(d_U)인 1.72보다 크다. 따라서 오차항의 독립성을 가정할 수 있다는 것도 확인할 수 있다.

연구문제 5-3 **변수선택기법**

종속변수 평화를 건강한 자기 관리, 건강한 몸의 느낌, 행복을 설명변수로 하여 설명하고자 한다. 적절한 설명변수는 무엇인가?

[연구문제 해결을 위한 통계분석 설명]

[연구문제 5-3]은 여러 개의 독립변수(설명변수) 중에서 종속변수를 설명하기 위한 적절한 변수를 선택하기 위한 방법으로 다중회귀분석 기법 중 변수선택기법(variable selection method)이라고 부른다. 여러 개의 설명변수 중에서 종속변수를 설명하는 데 필요한 변수를 선택하기 위한 방법은 여러 가지가 있지만 일반적으로 단계적 선택(stepwise selection) 방법을 권장한다.

[JASP 모듈 통계분석 옵션 기능 선택] 다음과 같이 설정한다.

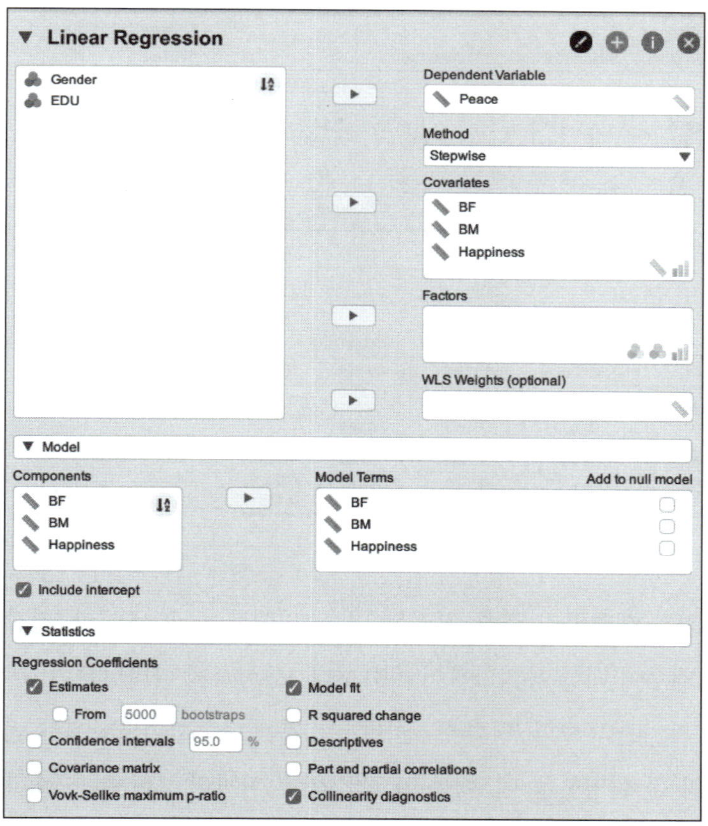

[JASP 분석결과 및 해석]

Linear Regression

Model Summary - Peace

Model	R	R^2	Adjusted R^2	RMSE
1	0.000	0.000	0.000	0.674
2	0.556	0.309	0.309	0.560
3	0.562	0.316	0.315	0.558

ANOVA

Model		Sum of Squares	df	Mean Square	F	p
2	Regression	273.479	1	273.479	870.796	< .001
	Residual	610.526	1944	0.314		
	Total	884.005	1945			
3	Regression	279.320	2	139.660	448.762	< .001
	Residual	604.684	1943	0.311		
	Total	884.005	1945			

Note. The intercept model is omitted, as no meaningful information can be shown.

Coefficients

							Collinearity Statistics	
Model		Unstandardized	Standard Error	Standardized	t	p	Tolerance	VIF
1	(Intercept)	3.556	0.015		232.711	< .001		
2	(Intercept)	1.808	0.061		29.845	< .001		
	Happiness	0.493	0.017	0.556	29.509	< .001	1.000	1.000
3	(Intercept)	1.721	0.064		27.062	< .001		
	Happiness	0.450	0.019	0.507	23.085	< .001	0.730	1.369
	BM	0.082	0.019	0.095	4.332	< .001	0.730	1.369

Note. The following covariate was considered but not included: BF.

Collinearity Diagnostics

				Variance Proportions		
Model	Dimension	Eigenvalue	Condition Index	(Intercept)	Happiness	BM
2	1	1.978	1.000	0.011	0.011	
	2	0.022	9.433	0.989	0.989	
3	1	2.945	1.000	0.004	0.004	0.005
	2	0.034	9.336	0.424	0.029	0.857
	3	0.021	11.823	0.571	0.967	0.138

Note. The intercept model is omitted, as no meaningful information can be shown.

종속변수인 '평화(Peace)'를 설명하기 위한 적절한 변수는 '행복(Happiness)'과 '건강한 자기관리(BM)'로 회귀계수에 대한 유의확률이 .001보다 모두 작게 나타났으며, 두 변수 중 '행복'이 '건강한 자기관리'보다 '평화'를 설명하기 위한 다중회귀모형에서 먼저 선택되었다. 이는 '평화'를 설명하는 데 '행복'이 '건강한 자기관리'보다 더 중요한 변수라는 것을 의미한다. 아울러, '행복'만으로 '평화'를 설명할 경우의 설명력은 30.9%이며, '건강한 자기관리'가 추가될 경우의 설명력은 31.6%로 나타났다. 이는 '평화'의 변동 중 '행복'이 30.9%를 설명하고, '건강한 자기관리'가 추가적으로 0.7%를 설명하고 있다는 것을 의미한다.

아울러 '행복'과 '건강한 자기관리' 모두 공선성 통계량인 VIF 값이 1.369로 10보다 작다. 이는 두 변수는 다중회귀모형에서 가정하고 있는 독립변수 간의 독립성 가정을 충족하고 있다는 것을 의미한다.

[일반적인 분석결과 보고 방법]

[연구문제 5-3]과 같은 다중회귀분석 결과를 보고하는 일반적인 방법은 여러 가지가 있다. 우선, 최종모형에 대한 결과를 보고하고자 하는 연구자의 경우 다음 <표 3-6>과 같은 형태로 분산분석표를 작성할 수 있다.

〈표 3-6〉 평화에 대한 다중선형회귀모형 분산분석표

요인	제곱합	자유도	평균제곱합	F	p
행복, 건강한 자기관리	279.320	2	139.660	448.762	<.001
오차	604.684	1943	0.311		
전체	884.005	1945			

<표 3-6>은 변수가 선정된 순서보다는 '평화'를 설명하는 독립변수가 '행복'과 '건강한 자기관리'라는 최종결과에 의미를 두는 경우이다.

하지만 '평화'를 설명하는 독립변수의 기여도에 따라서 그 순서를 보고하고자 하는 연구자의 경우 독립변수의 기여도에 따라서 변수의 선정 순서를 나타내는 형태의 분산분석표를 작성하여야 한다. 이를 위해서는 우선 가장 먼저 선정된 변수를 독립변수로 하는 단순선형회귀분석 결과에 대한 분산분석표인 <표 3-7>을 토대로 분산분석표를 만들 수 있다.

〈표 3-7〉 평화에 대한 단순선형회귀모형 분산분석표

요인	제곱합	자유도	평균제곱합	F	p
행복	273.479	1	273.479	870.796	<.001
오차	610.526	1944	0.314		
전체	884.005	1945			

평화를 설명하는 독립변수의 기여도를 나타내는 다중회귀모형에 대한 분산분석표는 <표 3-6>과 <표 3-7>을 기반으로 작성할 수 있으며, 그 결과는 <표 3-8>과 같다.

〈표 3-8〉 평화에 대한 다중회귀모형 분산분석표

요인	제곱합	자유도	평균제곱합	F	p
행복	273.479	1	273.479	870.796	<.001
건강한 자기관리 | 행복	5.841	1	5.841	18.781	<.001
오차	604.684	1943	0.311		
전체	884.005	1945			

여기서 설명변수인 '행복'이 '평화'를 먼저 설명한 후 추가적인 설명변수인 '건강한 자기관리'가 평화의 전체 제곱합을 설명하는 데 기여하는 제곱합은 5.841(=279.320-273.479)이고, 이 값은 두 모형에서의 오차 제곱합의 차(=610.526-604.684)와 같다. 일반적으로 <표 3-6>과 <표 3-7>의 내용으로 학술지 독자들은 충분히 이해할 수 있기 때문에 <표 3-8> 형태의 분산분석표보다는 <표 3-6>과 <표 3-7>을 합성한 JASP 출력에서 보여주는 분산분석표 형태로 보고하는 것도 무방하다고 본다.

추정된 다중선형회귀모형의 회귀계수에 대한 분석결과도 JASP 출력결과의 형태로 보고하여도 무방하다. 실제로 JASP에서 제공하는 출력결과는 미국심리학회의 학술지에서 일반적으로 보고되는 표 작성방식(APA Style)으로 출력되기 때문에 JASP 출력결과를 복사하여 폰트 정도만 바꾸어서 보고를 하여도 큰 문제가 없다.

06 집단의 수준에 따른 설명변수와 반응변수의 **선형회귀관계**

연구문제 6-1 **성별의 조절효과 분석 1**
건강한 자기관리와 행복의 관계가 성별에 따라서 달라지는가?

[연구문제 6-1]은 독립변수와 종속변수의 선형함수관계가 집단변수에 따라서 다른지 같은지를 검증하기 위한 경우이다. 집단수준에 따라서 독립변수와 종속변수의 관계가 다를 경우 집단변수는 독립변수와 종속변수의 관계에 있어서 조절변수 역할을 한다고 한다. 집단변수가 조절변수 역할을 하는지 여부를 검증하기 위해서는 우선 집단변수와 독립변수의 상호작용(interaction)을 나타내는 항을 독립변수의 범주에 넣고 그 항에 대한 유의성을 파악하여야 한다. 상호작용이 통계적으로 유의하면 독립변수와 종속변수의 관계에 있어서 집단수준이 변함에 따라서 절편 및 기울기가 모두 다른 조절효과 모형의 결과를 얻게 되며, 상호작용이 유의하지 않을 경우 상호작용을 제외한 집단변수와 독립변수만이 있는 회귀모형을 분석하여야 한다.

[JASP 모듈 통계분석 옵션 기능 선택]

다음과 같이 설정한다.

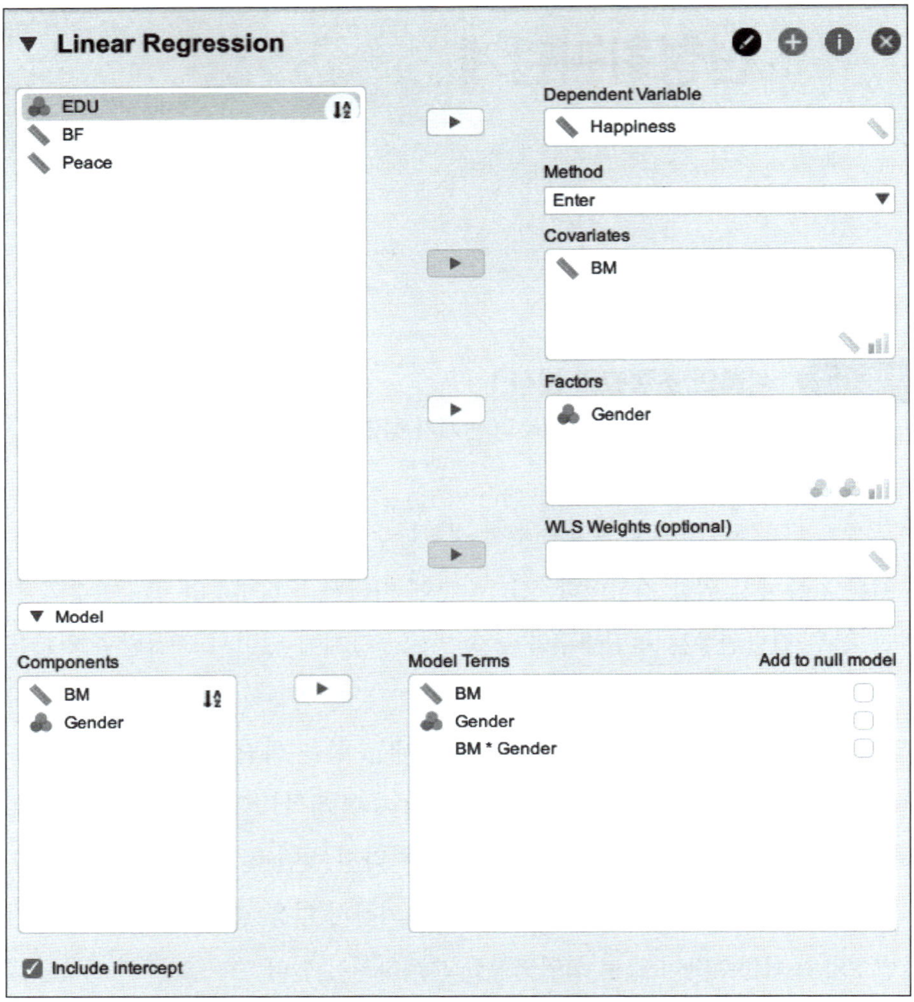

[JASP 분석결과 및 해석]

Linear Regression

Model Summary - Happiness

Model	R	R²	Adjusted R²	RMSE
H_0	0.000	0.000	0.000	0.760
H_1	0.522	0.273	0.272	0.649

ANOVA

Model		Sum of Squares	df	Mean Square	F	p
H_1	Regression	306.680	3	102.227	242.996	< .001
	Residual	816.985	1942	0.421		
	Total	1123.665	1945			

Note. The intercept model is omitted, as no meaningful information can be shown.

Coefficients

Model		Unstandardized	Standard Error	Standardized[a]	t	p
H_0	(Intercept)	3.544	0.017		205.662	< .001
H_1	(Intercept)	2.156	0.075		28.680	< .001
	BM	0.477	0.025	0.493	19.280	< .001
	Gender (1)	−0.268	0.117		−2.287	0.022
	BM ∗ Gender (1)	0.065	0.038		1.724	0.085

[a] Standardized coefficients can only be computed for continuous predictors.

'건강한 자기관리'와 '행복'의 관계가 '성별'에 따라서 다를 경우 '성별'은 조절변수 역할을 한다고 한다. '성별'이 조절변수 역할을 하는지를 검증하기 위하여 '성별'과 '건강한 자기관리'의 상호작용(interaction)의 유의성을 살펴보면 유의확률이 0.085로 유의수준 0.05보다 크다. 이는 상호작용 효과가 없다는 것을 의미한다. 따라서 상호작용이 없는 회귀모형을 분석하여야 한다. 여기서, 'Gender (1)'이 의미하는 것은 성별(Gender)의 값이 1인 경우를 나타내는 명목형 변수로 더미변수와 같은 의미로 보면 된다.

[JASP 모듈 통계분석 옵션 기능 선택]

다음과 같이 설정한다.

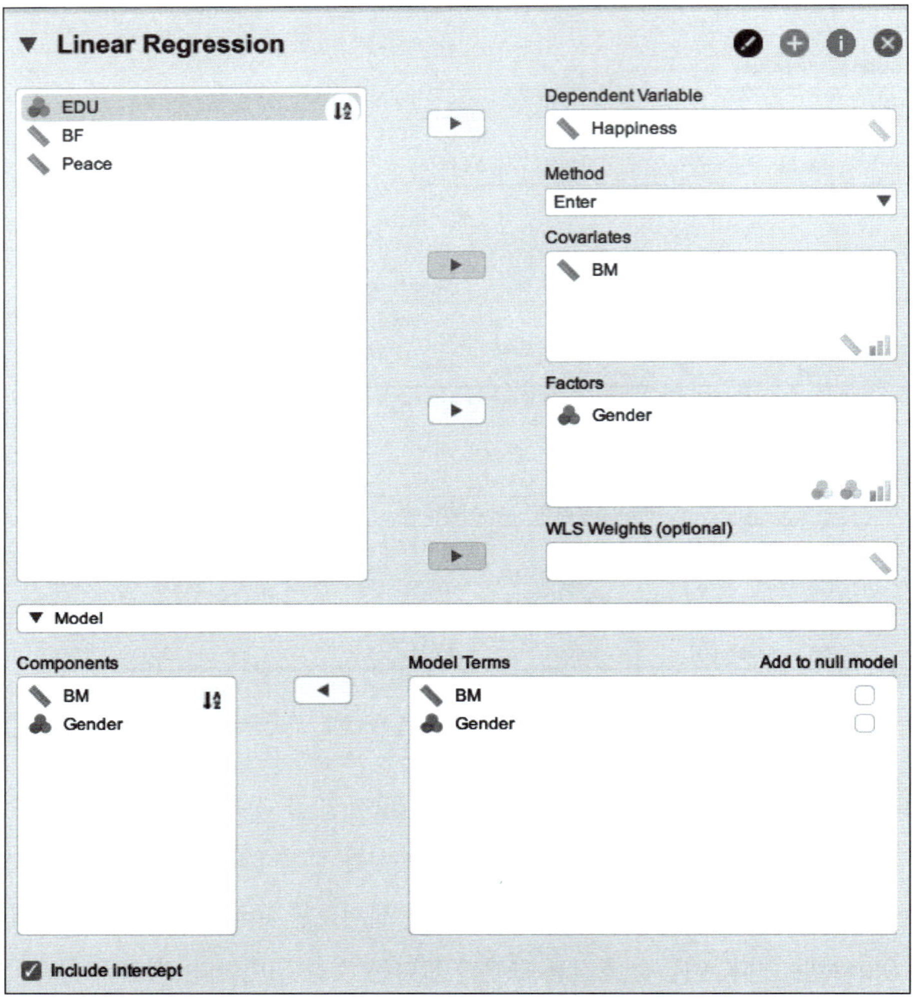

[JASP 분석결과 및 해석]

Linear Regression

Model Summary - Happiness

Model	R	R^2	Adjusted R^2	RMSE
H_0	0.000	0.000	0.000	0.760
H_1	0.521	0.272	0.271	0.649

ANOVA

Model		Sum of Squares	df	Mean Square	F	p
H_1	Regression	305.430	2	152.715	362.640	< .001
	Residual	818.235	1943	0.421		
	Total	1123.665	1945			

Note. The intercept model is omitted, as no meaningful information can be shown.

Coefficients

Model		Unstandardized	Standard Error	Standardized[a]	t	p
H_0	(Intercept)	3.544	0.017		205.662	< .001
H_1	(Intercept)	2.074	0.058		35.543	< .001
	BM	0.505	0.019	0.522	26.909	< .001
	Gender (1)	−0.073	0.030		−2.427	0.015

[a] Standardized coefficients can only be computed for continuous predictors.

회귀계수(Coefficients) 분석결과를 살펴보면, '건강한 자기관리(BM)'와 '성별(Gender)' 모두 '행복'에 대한 유의확률을 살펴보면 각각 <.001과 0.015로 모두 유의수준 0.05보다 작다. 이는 '건강한 자기관리'와 '성별' 모두 '행복'을 설명하는 유의한 변수라는 것을 의미한다.

연구문제 6-2 | **성별의 조절효과 분석 2**
행복과 평화의 관계가 성별에 따라서 달라지는가?

[JASP 모듈 통계분석 옵션 기능 선택]

다음과 같이 설정한다.

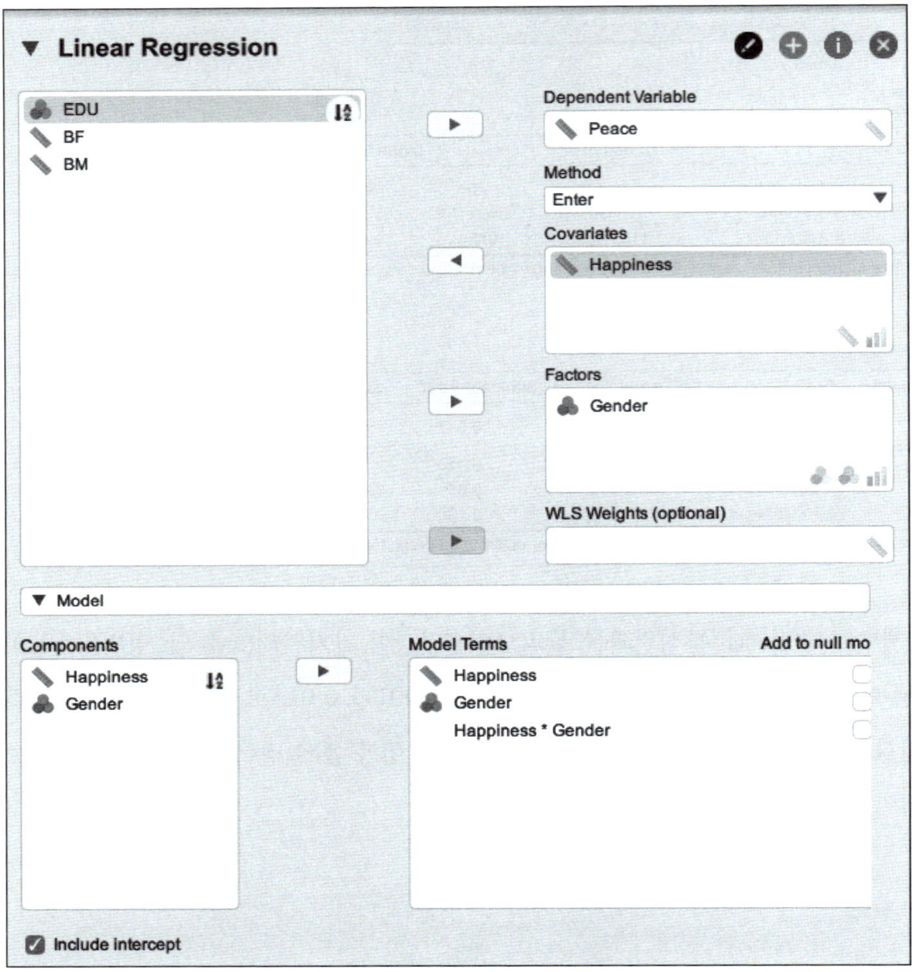

[JASP 분석결과 및 해석]

Linear Regression

Model Summary - Peace

Model	R	R^2	Adjusted R^2	RMSE
H_0	0.000	0.000	0.000	0.674
H_1	0.564	0.318	0.317	0.557

ANOVA

Model		Sum of Squares	df	Mean Square	F	p
H_1	Regression	281.373	3	93.791	302.245	< .001
	Residual	602.631	1942	0.310		
	Total	884.005	1945			

Note. The intercept model is omitted, as no meaningful information can be shown.

Coefficients

Model		Unstandardized	Standard Error	Standardized[a]	t	p
H_0	(Intercept)	3.556	0.015		232.711	< .001
H_1	(Intercept)	2.053	0.079		25.991	< .001
	Happiness	0.433	0.022	0.488	19.918	< .001
	Gender (1)	−0.580	0.122		−4.749	< .001
	Happiness ∗ Gender (1)	0.145	0.034		4.285	< .001

[a] Standardized coefficients can only be computed for continuous predictors.

'평화'를 설명하기 위하여 투입된 '행복(Happiness)', '성별(Gender)', 성별과 행복의 상호작용(Happiness*Gender(1))에 해당되는 유의확률은 모두 0.001보다 작게 나타났다. '평화'에 대한 전체변동을 나타내는 전체 제곱합은 884.005인 것을 확인할 수 있다. 전체변동 중 '행복', '성별', '상호작용'에 의해서 설명되는 부분이 281.373으로 전체 변동의 31.8%를 차지하는 것으로 나타났다.

JASP 출력결과를 토대로 평화의 추정식을 작성하면 다음과 같다.

$$Peace = 2.053 + 0.433 \times Happiness - 0.58 \times Gender(1) + 0.145 \times Happiness \times Gender(1)$$

이를 토대로 성별 평화의 추정식을 구할 수 있으며, 여자(Gender(1)=0)의 경우,

$$Peace = 2.053 + 0.433 \times Happiness$$

남자(Gender(1)=1)의 경우,

$$Peace = (2.053 - 0.58) + (0.433 + 0.145) \times Happiness$$

와 같다. 이를 통하여 '행복'과 '평화'의 관계가 성별에 따라서 다르다는 것을 확인할

수 있으며, 이는 '행복'과 '평화'의 관계에 있어서 '성별'은 조절변수 역할을 한다는 것을 의미한다.

연구문제 6-3 | **위계적 회귀분석**

연구자는 평화에 영향을 미치는 요인이 성별이고, 그다음에 건강한 몸의 느낌과 건강한 자기관리가 영향을 미치고, 마지막 단계에서 행복이 영향을 미친다고 생각하고 있다. 이러한 연구자의 생각은 근거가 있는가?

[연구문제 해결을 위한 통계분석 설명]

[연구문제 6-3]은 연구자가 설정한 종속변수(여기서는 평화)와 관련된 연구를 통하여 종속변수가 성별, 학력, 소득수준 등과 같이 연구대상의 유전적 요인, 환경적 요인을 나타내는 인구통계적 변인(Socio-demographic variable)을 이용하여 종속변수를 설명한 후(이를 인구통계적 변인의 효과를 고정시킨다고도 표현한다) 다른 종류의 설명변수가 단계적으로 모형에 투입될 경우에 나타나는 현상을 살펴봄으로써 종속변수에 미치는 설명변수의 단계별 영향력을 살펴보기 위한 문제이며, 이를 위한 분석방법이 위계적 회귀분석(Hierarchical Regression)이다. 인구통계적 변인은 사회경제적지위 변수 또는 SES(Socio-Economic Status) 변수라고도 불린다.

위계적 회귀분석을 실시하기 위해서는 단계별로 회귀분석을 실시하여야 한다.

[JASP 모듈 통계분석 옵션 기능 선택 및 분석결과] – 위계적 회귀분석 1단계

다음과 같이 설정한다.

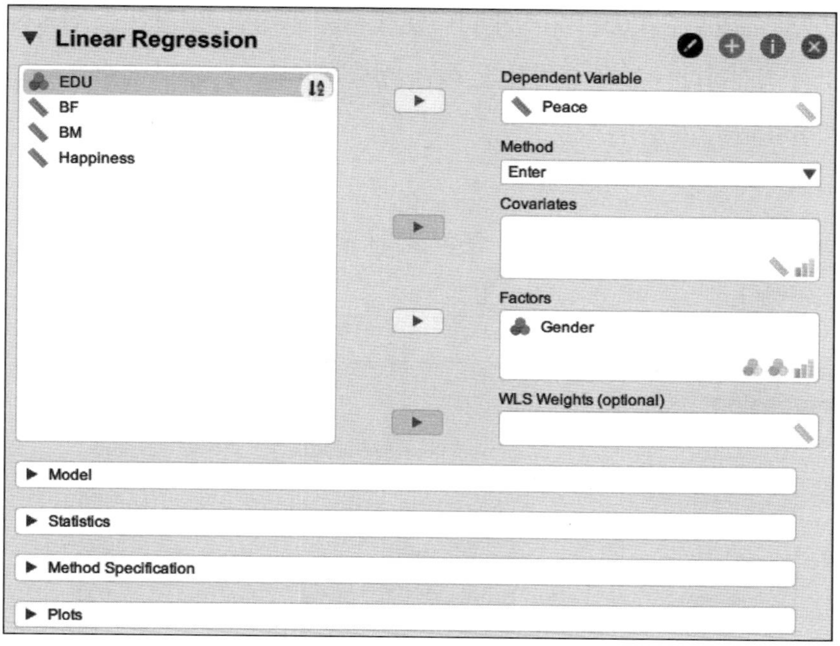

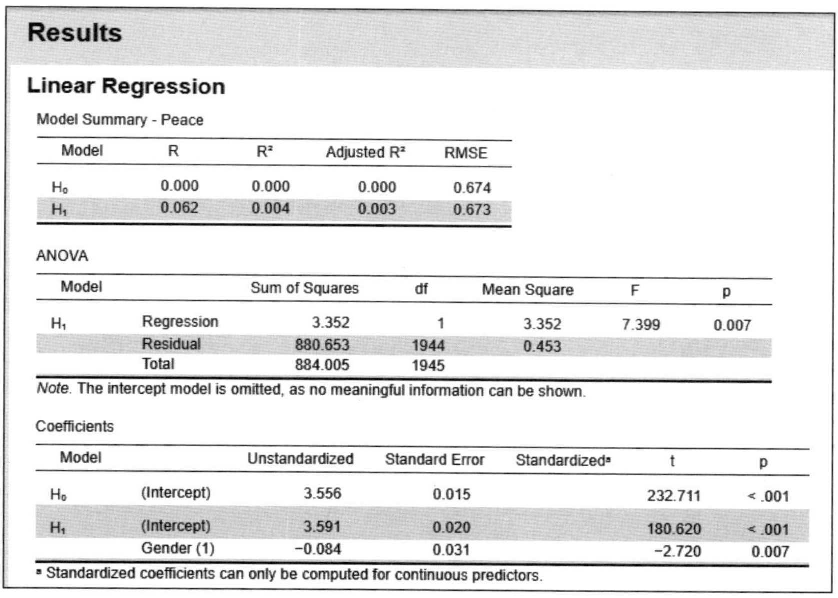

Results

Linear Regression

Model Summary - Peace

Model	R	R²	Adjusted R²	RMSE
H_0	0.000	0.000	0.000	0.674
H_1	0.062	0.004	0.003	0.673

ANOVA

Model		Sum of Squares	df	Mean Square	F	p
H_1	Regression	3.352	1	3.352	7.399	0.007
	Residual	880.653	1944	0.453		
	Total	884.005	1945			

Note. The intercept model is omitted, as no meaningful information can be shown.

Coefficients

Model		Unstandardized	Standard Error	Standardized[a]	t	p
H_0	(Intercept)	3.556	0.015		232.711	< .001
H_1	(Intercept)	3.591	0.020		180.620	< .001
	Gender (1)	−0.084	0.031		−2.720	0.007

[a] Standardized coefficients can only be computed for continuous predictors.

종속변수 '평화'를 설명하기 위한 1단계 모형은 '성별'을 이용한 모형이다. 이는 본질적으로 독립표본 t-검정의 결과와 같다. 하지만 여기서는 이를 선형모형의 형태로 나타낸 것으로 분산분석모형과 같다고 보면 된다. '성별'의 유의성을 나타내는 유의확률을 보면 0.007로 유의수준 0.05보다 작게 나타났기 때문에 '성별'은 '평화'를 설명하기 위한 변수로서 적절하다는 것을 의미한다. 이는 '성별'에 따라서 '평화' 점수가 다르다는 것을 의미한다.

[JASP 모듈 통계분석 옵션 기능 선택 및 분석결과] – 위계적 회귀분석 2단계

다음과 같이 설정한다.

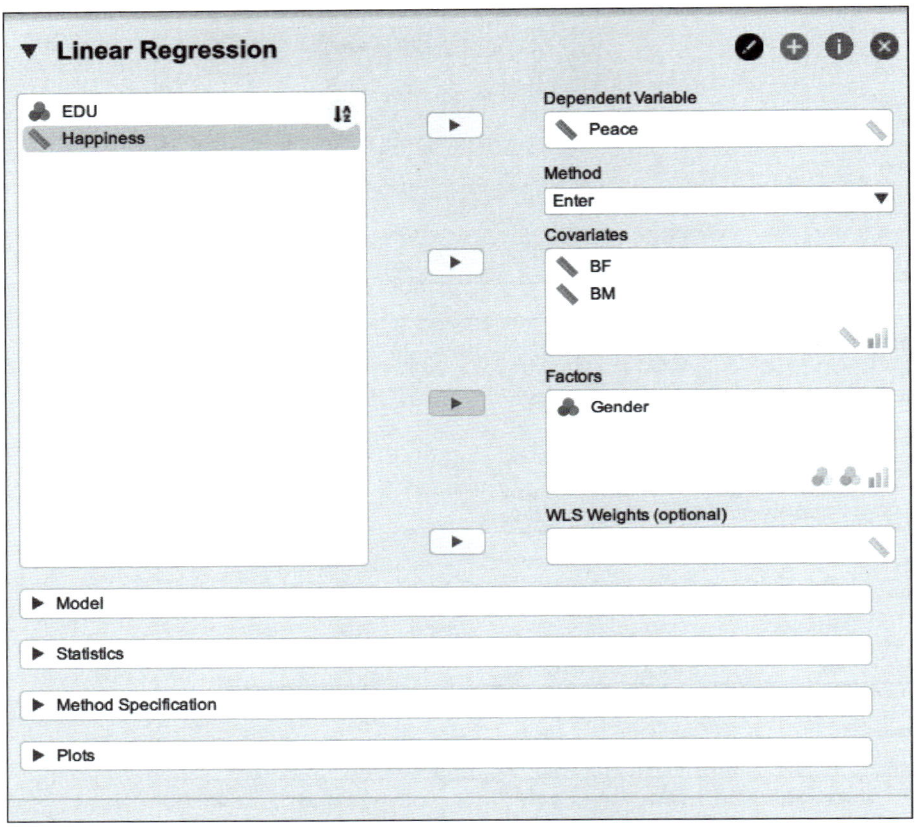

Results

Linear Regression

Model Summary - Peace

Model	R	R^2	Adjusted R^2	RMSE
H_0	0.000	0.000	0.000	0.674
H_1	0.402	0.162	0.160	0.618

ANOVA

Model		Sum of Squares	df	Mean Square	F	p
H_1	Regression	143.004	3	47.668	124.927	< .001
	Residual	741.001	1942	0.382		
	Total	884.005	1945			

Note. The intercept model is omitted, as no meaningful information can be shown.

Coefficients

Model		Unstandardized	Standard Error	Standardized[a]	t	p
H_0	(Intercept)	3.556	0.015		232.711	< .001
H_1	(Intercept)	2.430	0.064		38.118	< .001
	Gender (1)	−0.123	0.029		−4.305	< .001
	BF	0.189	0.024	0.214	7.922	< .001
	BM	0.195	0.023	0.227	8.438	< .001

[a] Standardized coefficients can only be computed for continuous predictors.

종속변수 '평화'를 설명하기 위한 2단계 모형은 '성별'을 이용한 1단계 모형에 '건강한 몸의 느낌'과 '건강한 자기관리' 변수를 추가적으로 투입한 모형이다. 분석결과 '성별', '건강한 몸의 느낌', '건강한 자기관리'의 유의성을 나타내는 유의확률 모두 0.001보다 작게 나타났기 때문에 '성별', '건강한 몸의 느낌', '건강한 자기관리' 모두 '평화'를 설명하기 위한 변수로서 적절하다는 것을 의미한다.

통계적으로 유의미한 1단계 모형의 설명력은 0.4%로 나타났으며, 2단계 모형의 설명력은 16.2%로 나타났다. 이는 '건강한 몸의 느낌'과 '건강한 자기관리' 변수에 의해서 1단계 모형보다 설명력이 15.8% 증가한다는 것을 의미한다.

[JASP 모듈 통계분석 옵션 기능 선택 및 분석결과] – 위계적 회귀분석 3단계

다음과 같이 설정한다.

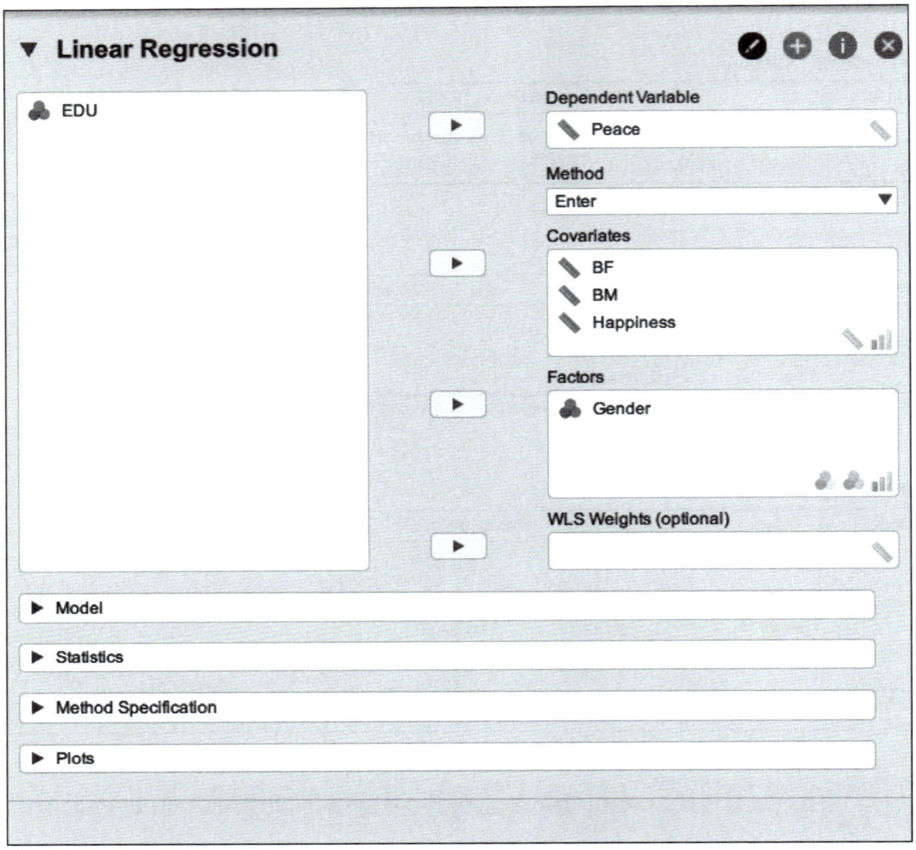

Results

Linear Regression

Model Summary - Peace

Model	R	R²	Adjusted R²	RMSE
H_0	0.000	0.000	0.000	0.674
H_1	0.566	0.320	0.319	0.556

ANOVA

Model		Sum of Squares	df	Mean Square	F	p
H_1	Regression	283.206	4	70.802	228.739	< .001
	Residual	600.798	1941	0.310		
	Total	884.005	1945			

Note. The intercept model is omitted, as no meaningful information can be shown.

Coefficients

Model		Unstandardized	Standard Error	Standardized[a]	t	p
H_0	(Intercept)	3.556	0.015		232.711	< .001
H_1	(Intercept)	1.720	0.066		25.901	< .001
	Gender (1)	−0.081	0.026		−3.126	0.002
	BF	0.043	0.023	0.049	1.917	0.055
	BM	0.065	0.022	0.076	3.002	0.003
	Happiness	0.434	0.020	0.490	21.283	< .001

[a] Standardized coefficients can only be computed for continuous predictors.

종속변수 '평화'를 설명하기 위한 3단계 모형은 '성별', '건강한 몸의 느낌', '건강한 자기관리'를 이용한 2단계 모형에 '행복' 변수를 추가적으로 투입한 모형이다. 분석결과 '성별', '건강한 자기관리', '행복'의 유의확률은 모두 유의수준 0.05보다 작게 나타났지만 '건강한 몸의 느낌'의 유의성을 나타내는 유의확률은 0.055로 유의수준 0.05보다 크게 나타났다. 이는 '건강한 몸의 느낌'은 '평화'를 설명하기 위한 변수로서 적절하지 못하다는 것을 의미한다. 따라서 최종모형에서 '건강한 몸의 느낌'을 제거한 결과를 보고할 필요가 있다(일반적인 위계적 회귀분석 방법을 사용한 논문에서는 이러한 단계를 거치지 않은 논문도 많다. 이에 대한 선택은 연구자의 몫이라고 본다).

[JASP 모듈 통계분석 옵션 기능 선택 및 분석결과] – 위계적 회귀분석 4단계

다음과 같이 설정한다.

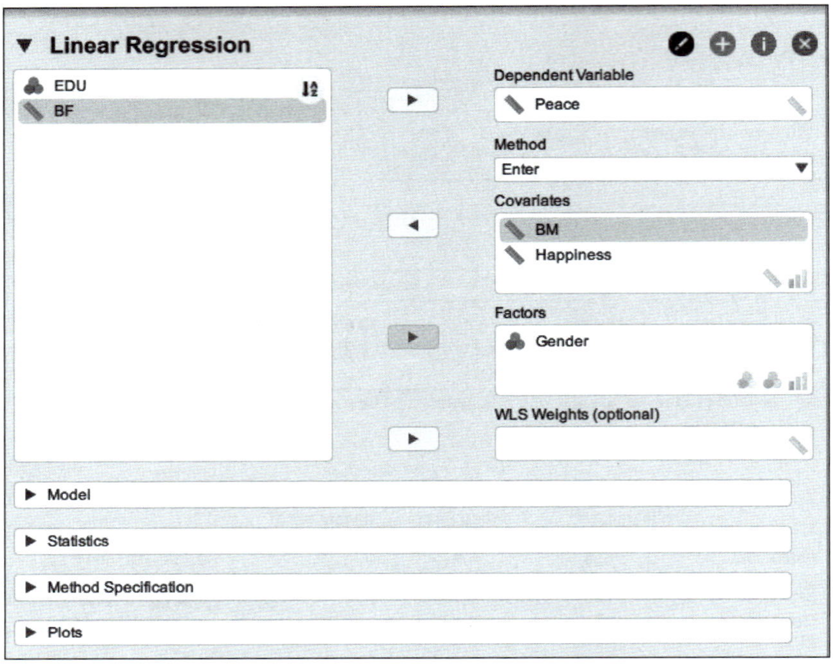

Results

Linear Regression

Model Summary - Peace

Model	R	R²	Adjusted R²	RMSE
H_0	0.000	0.000	0.000	0.674
H_1	0.565	0.319	0.318	0.557

ANOVA

Model		Sum of Squares	df	Mean Square	F	p
H_1	Regression	282.068	3	94.023	303.342	< .001
	Residual	601.936	1942	0.310		
	Total	884.005	1945			

Note. The intercept model is omitted, as no meaningful information can be shown.

Coefficients

Model		Unstandardized	Standard Error	Standardized[a]	t	p
H_0	(Intercept)	3.556	0.015		232.711	< .001
H_1	(Intercept)	1.752	0.064		27.242	< .001
	Gender (1)	−0.077	0.026		−2.978	0.003
	BM	0.086	0.019	0.100	4.542	< .001
	Happiness	0.446	0.019	0.503	22.933	< .001

[a] Standardized coefficients can only be computed for continuous predictors.

종속변수 '평화'를 설명하기 위하여 '성별', '건강한 자기관리', '행복' 변수를 설명변수로 적용한 결과 '성별', '건강한 자기관리', '행복'의 유의성을 나타내는 유의확률 모두 .01보다 작게 나타났으며 모형의 설명력은 0.319로 '평화' 변동의 31.9%를 설명하고 있다.

4단계의 결과를 살펴보면 '성별', '건강한 자기관리', '행복'의 비표준화 계수는 각각 -0.077, 0.086, 0.446으로 나타났다. 이는 여자(Gender=0)에 비하여 남자(Gender=1)의 '평화' 점수는 낮게 나타나고 있으며, '성별'과 '건강한 자기관리'의 효과를 고정시킨 후(그 영향을 제거한 후) '행복'이 1점 증가할 경우 '평화'는 0.446점 증가한다는 것을 의미한다. 이는 '성별'과 '행복'의 효과를 고정시킨 후(그 영향을 제거한 후) '건강한 자기관리'가 1점 증가할 경우 '평화'는 0.086점 증가한다는 것을 감안할 때 '행복'이 '건강한 자기관리'보다 '평화'에 더 큰 영향을 미치고 있다는 것을 의미한다. 위계적 회귀분석의 결과를 정리하면 <표 3-9>와 같다.

〈표 3-9〉 평화에 대한 위계적 회귀분석결과: 비표준화 회귀계수(B)

모형		1단계	2단계	3단계	4단계
설명변수	성별 (남자=1)	-0.084**	-0.123***	-0.081**	-0.077**
	건강한 몸의 느낌		0.189***	0.043	-
	건강한 자기관리		0.195***	0.065**	0.086***
	행복			0.434***	0.446***
설명력(R^2)		0.004	0.162	0.320	0.319
추가설명력(ΔR^2)		0.004	0.158	0.158	-0.001
유의확률		0.007	<.001	<.001	<.001
F-값		7.399	124.927	228.739	303.342
자유도		(1, 1944)	(3, 1942)	(4, 1941)	(3, 1942)

주) *: p<0.05, **: p<0.01, ***: p<0.001

07 집단의 수 2 이상, 반복측정의 횟수가 2회인 경우

연구문제 7-1 **동질성 검정**

정서조절능력 향상을 위한 프로그램이 효과적인지를 살펴보고자 한다. 실험집단1, 실험집단2, 통제집단의 구성은 동질적인가?

[연구문제 해결을 위한 통계분석 설명]

[연구문제 7-1]은 예제 데이터 II(Data2.jasp)에서 실험집단1과 실험집단2에 부과된 특정 프로그램이 효과적인지 여부를 공정하고 객관적으로 입증하기 위하여 첫 번째로 고민하는 문제로, 실험이 부과되기 전 실험집단1, 실험집단2, 통제집단이 본질적으로 차이가 없다는 것을 검증하는 것이다. 이를 집단의 동질성 검정(homogeneity test)이라고 부른다.

여러 집단의 동질성은 일반적으로 적어도 두 가지 측면에서 고려되어야 한다. 우선, 여러 집단을 구성하고 있는 인구사회경제적인 측면에서 동질적이어야 한다. 이는 집단을 구성하고 있는 성별, 연령, 교육수준, 경제수준 등에서 차이가 없어야 한다는 것을 의미한다. 그다음 단계는, 사전검사에서 나타난 변수들(독립변수, 종속변수 등)의 값이 동질적이어야 한다. 이는 집단 간의 평균은 물론 분산(또는 표준편차) 또한 차이가 없어야 한다는 것을 의미한다.

우선 실험집단1, 실험집단2, 통제집단의 연령집단(AgeGroup) 구성비가 동질적인지 살펴보기로 하자.

[JASP 모듈 선택] – 인구사회경제적인 측면의 동질성 검정 1

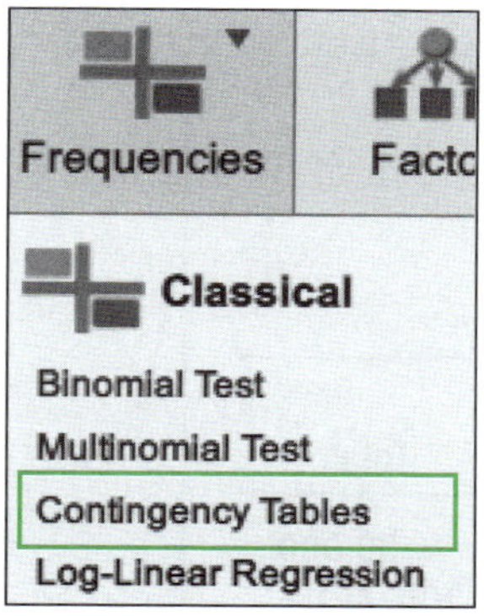

통계분석 모듈 중 Frequencies 모듈에서 Classical 파트에 있는 Contingency Tables 방법을 클릭한다.

[JASP 모듈 통계분석 옵션 기능 선택]

다음과 같이 설정한다.

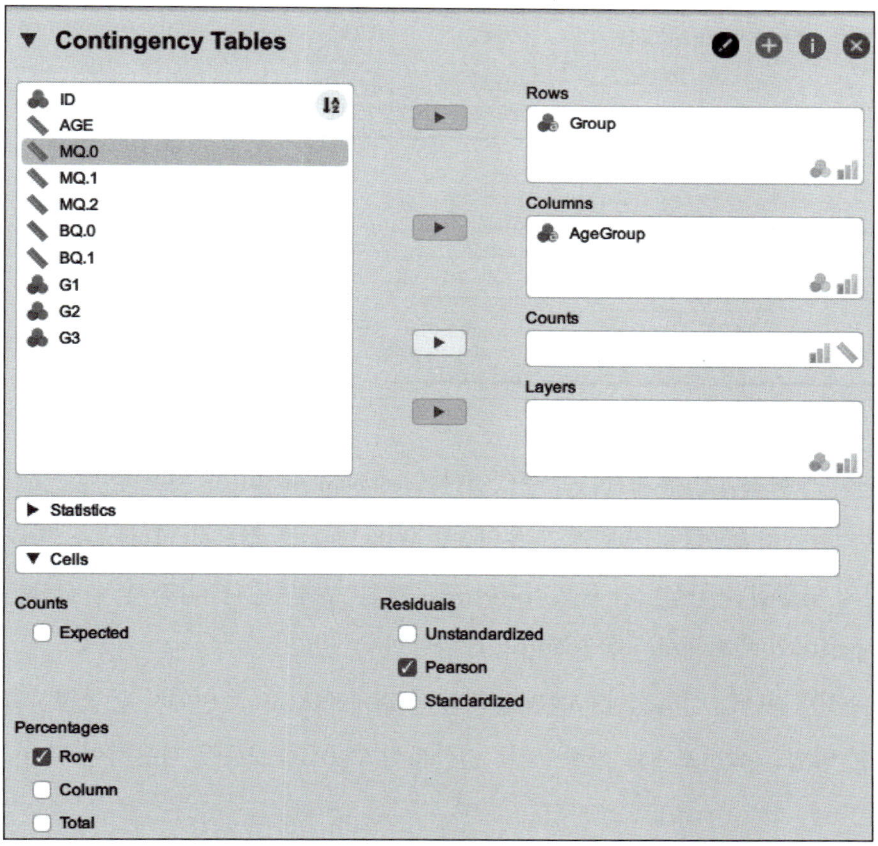

[JASP 분석결과 및 해석]

Contingency Tables

Contingency Tables

Group		AgeGroup		
		Age High	Age Low	Total
Control	Count	13.000	17.000	30.000
	% within row	43.333 %	56.667 %	100.000 %
	Pearson residuals	−1.041	1.218	
Exp I	Count	19.000	11.000	30.000
	% within row	63.333 %	36.667 %	100.000 %
	Pearson residuals	0.400	−0.468	
Exp II	Count	20.000	10.000	30.000
	% within row	66.667 %	33.333 %	100.000 %
	Pearson residuals	0.641	−0.749	
Total	Count	52.000	38.000	90.000
	% within row	57.778 %	42.222 %	100.000 %

Chi-Squared Tests

	Value	df	p
X^2	3.917	2	0.141
N	90		

실험집단1, 실험집단2, 통제집단의 연령집단(AgeGroup) 구성비가 동질적인지 살펴본 결과 유의확률이 0.141로 일반적인 유의수준 0.05보다 큰 것으로 나타났다. 따라서 세 집단의 연령집단 구성비가 동일하다는 귀무가설이 채택된다. 따라서 세 집단은 연령집단 구성비의 측면에서는 동질적이라고 판단할 수 있다.

이번에는 실험집단1, 실험집단2, 통제집단의 연령(개월)(AGE) 측면에서 동질적인지를 검증하는 방법을 살펴보기로 하자. 이는 분산분석(ANOVA) 모듈을 사용하면 된다.

[JASP 모듈 통계분석 옵션 기능 선택]

다음과 같이 설정한다.

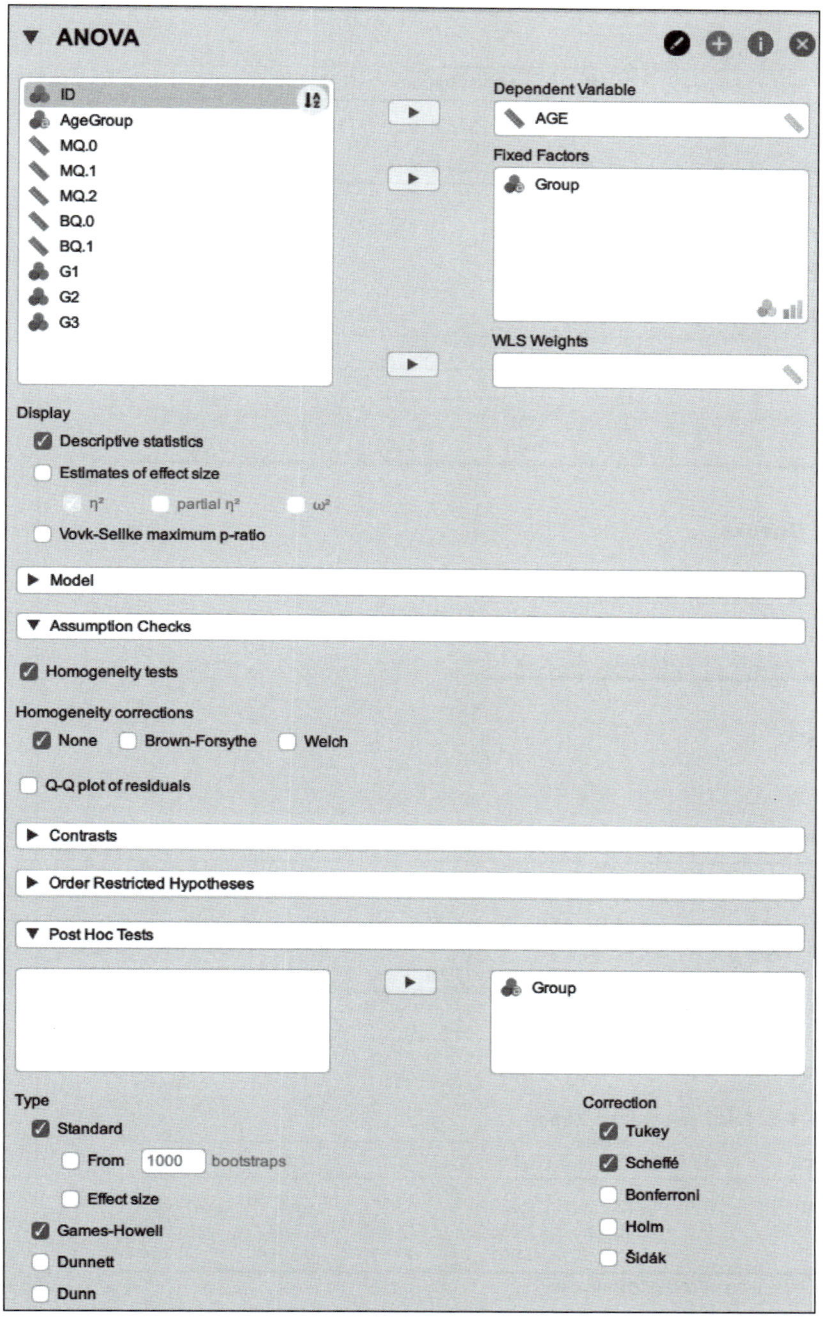

[JASP 분석결과 및 해석]

ANOVA

ANOVA - AGE

Cases	Sum of Squares	df	Mean Square	F	p
Group	631.756	2	315.878	12.889	< .001
Residuals	2132.200	87	24.508		

Note. Type III Sum of Squares

Descriptives

Descriptives - AGE

Group	N	Mean	SD	SE	Coefficient of Variation
Control	30	62.833	7.013	1.280	0.112
Exp I	30	68.567	3.481	0.636	0.051
Exp II	30	68.333	3.497	0.638	0.051

Assumption Checks

Test for Equality of Variances (Levene's)

F	df1	df2	p
19.245	2.000	87.000	< .001

Post Hoc Tests

Standard

Post Hoc Comparisons - Group

		Mean Difference	SE	t	p_{tukey}	$p_{scheffe}$
Control	Exp I	-5.733	1.278	-4.485	< .001	< .001
	Exp II	-5.500	1.278	-4.303	< .001	< .001
Exp I	Exp II	0.233	1.278	0.183	0.982	0.983

Note. P-value adjusted for comparing a family of 3

Games-Howell

Games-Howell Post Hoc Comparisons - Group

Comparison	Mean Difference	SE	t	df	p_{tukey}
Control - Exp I	-5.733	1.429	-4.011	42.472	< .001
Control - Exp II	-5.500	1.431	-3.844	42.584	0.001
Exp I - Exp II	0.233	0.901	0.259	57.999	0.964

Note. Results based on uncorrected means.

실험집단1, 실험집단2, 통제집단을 구성하고 있는 아동의 연령(개월) 측면에서 동질적인지를 파악한 결과 세 집단의 평균 연령이 동일하다는 귀무가설에 대한 유의확률은 <.001로 유의수준 0.05보다 작다. 이는 실험집단1, 실험집단2, 통제집단을 구성하고 있는 아동의 평균연령이 동일하지 않다는 것을 의미한다. 또한 세 집단의 오차항에 대한 분산의 동일성 검정 결과도 기각된다. 결론적으로 실험집단1, 실험집단2, 통제집단은 대상 아동의 연령적인 측면에서는 동질적이지 못하다고 볼 수 있다. 사후분석 결과를 살펴보면, 실험집단1과 실험집단2는 연령의 차가 없는 반면에 통제집단은 실험집단1과 실험집단2에 비하여 연령이 낮은 아동으로 구성되어 있다는 것을 알 수 있다.

이와 같이 실험집단1, 실험집단2, 통제집단의 연구대상의 연령적 측면에서 동질적인지 여부를 판단하기 위하여 범주형 변수인 연령집단(AgeGroup)의 구성비를 토대로 검증하는 경우와 연속형 변수인 연령(AGE)의 평균, 분산을 비교하는 방법이 있다. 실제 연구에서 어느 방법을 사용하느냐는 관련 분야의 이론적인 근거를 토대로 정하는 것이 논리적이라고 본다. 예를 들어, 아동의 정서조절 능력과 사고력의 발달수준이 66개월 이전과 이후로 확연히 구분되느냐 아니면 꾸준하게 증가하느냐에 따라서 어느 방법으로 동질성 검정을 하는 것이 논리적인지를 결정하여야 할 것으로 본다.

다음으로 연구자가 입증하고자 하는 프로그램의 효과 검증을 위한 효과변인인 정서조절능력의 사전점수 측면에서 실험집단1, 실험집단2, 통제집단에 연구대상이 공정하게 배분되었는지를 검증하는 방법을 살펴보기로 한다.

[JASP 모듈 통계분석 옵션 기능 선택] – 정서조절능력 점수 측면의 동질성 검정

다음과 같이 설정한다.

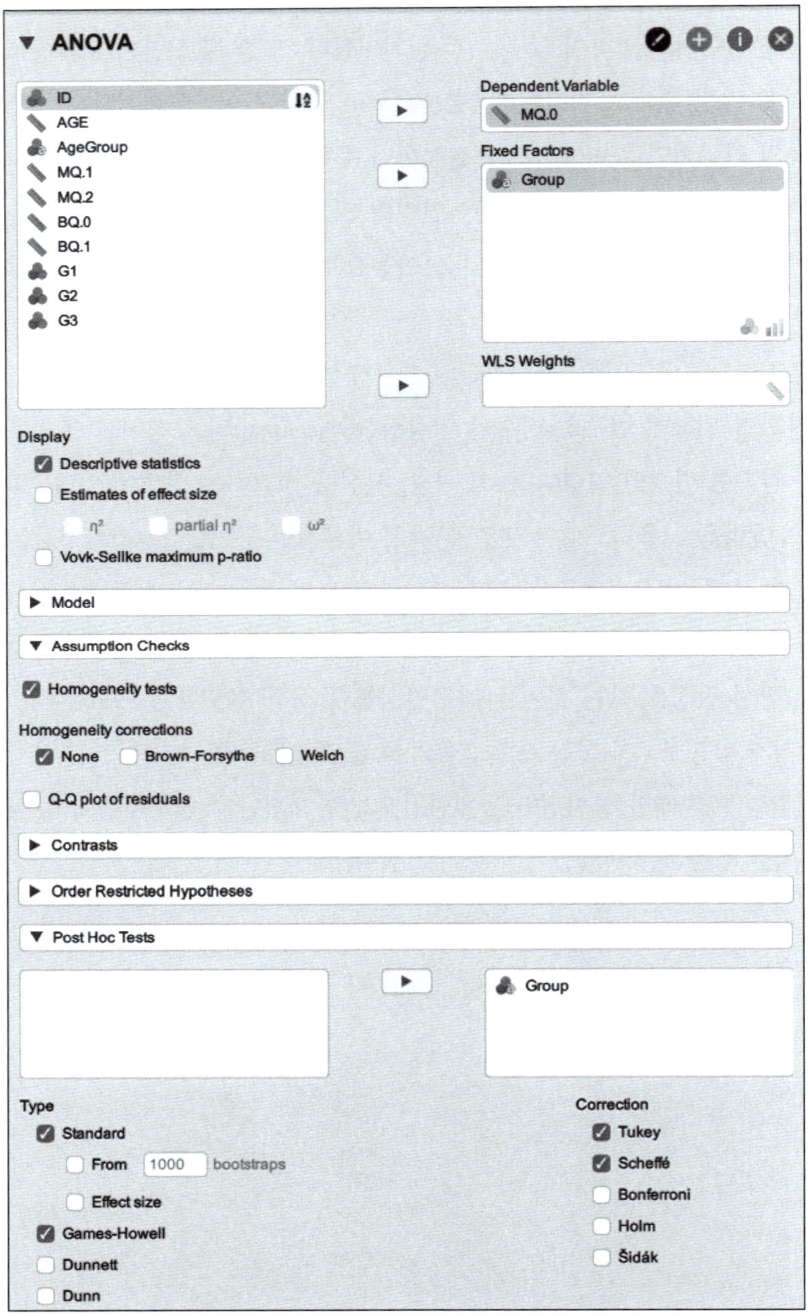

[JASP 분석결과 및 해석]

ANOVA

ANOVA - MQ.0

Cases	Sum of Squares	df	Mean Square	F	p
Group	2.928	2	1.464	19.178	< .001
Residuals	6.642	87	0.076		

Note. Type III Sum of Squares

Descriptives

Descriptives - MQ.0

Group	N	Mean	SD	SE	Coefficient of Variation
Control	30	2.285	0.191	0.035	0.083
Exp I	30	2.212	0.341	0.062	0.154
Exp II	30	2.626	0.277	0.050	0.105

Assumption Checks

Test for Equality of Variances (Levene's)

F	df1	df2	p
3.388	2.000	87.000	0.038

Post Hoc Tests

Standard

Post Hoc Comparisons - Group

		Mean Difference	SE	t	p_{tukey}	$p_{scheffe}$
Control	Exp I	0.073	0.071	1.028	0.561	0.591
	Exp II	−0.341	0.071	−4.775	< .001	< .001
Exp I	Exp II	−0.414	0.071	−5.803	< .001	< .001

Note. P-value adjusted for comparing a family of 3

Games-Howell

Games-Howell Post Hoc Comparisons - Group

Comparison	Mean Difference	SE	t	df	p_{tukey}
Control - Exp I	0.073	0.071	1.028	45.496	0.563
Control - Exp II	−0.341	0.061	−5.557	51.470	< .001
Exp I - Exp II	−0.414	0.080	−5.165	55.624	< .001

Note. Results based on uncorrected means.

실험집단1, 실험집단2, 통제집단이 사전 정서조절능력 점수 측면에서 동질적인지 여부를 검증하기 위하여 '사전 정서조절능력(MQ.0)'에 대한 일원분산분석을 실시한 결과 세 집단의 평균이 동일하다는 귀무가설은 기각되는 것을 알 수 있다. 또한 오차항에 대한 분산의 동일성 검정 결과도 유의확률이 0.038로 유의수준 0.05보다 작기 때문에 기각된다는 것을 알 수 있다. 따라서 세 집단은 사전 정서조절능력의 측면에서 동질적이지 못하다고 볼 수 있다.

세 집단의 사전 정서조절능력 점수를 비교한 결과를 살펴보자. 세 집단의 오차항에 대한 분산의 동일성이 보장되지 않을 경우의 집단비교를 위한 사후분석방법인 Games-Howell 결과를 보면 실험집단1(Exp I)과 통제집단(Control)은 평균의 측면에서 같지만 실험집단2는 다른 두 집단에 비하여 정서조절능력이 높다는 것을 알 수 있다.

연구문제 7-2 | 공분산분석

정서조절능력 향상을 위한 프로그램은 효과가 있는가?

[연구문제 해결을 위한 통계분석 설명]

사전점수와 사후점수만이 있는 형태에서 [연구문제 7-2]와 같은 형태를 위한 분석 기법은 공분산분석(analysis of covariance)이다. 공분산분석은 사전점수를 필수적인 공변인(covariate)으로 간주하고 집단의 효과(group effect)를 비교하기 위한 방법이다. 이는 공변인이 종속변수에 미치는 영향을 제거한 후에 순수한 집단의 효과를 비교하기 위한 방법이다. 공분산분석 모형에는 공변인 값의 변화에 따라서 종속변수의 값이 변하는 정도를 나타내는 기울기의 형태가 집단에 따라서 동일하다는 것을 상정한 모형과 기울기도 집단에 따라서 다르다는 것을 상정한 모형이 있다. 전자는 집단과 공변인의 상호작용(interaction)이 없는 모형이고 후자는 집단과 공변인의 상호작용이 있는 모형이다. 상호작용이 있는 모형을 분석하기 위해서는 일단 상호작용이 없는 주효과 모형(main effect model)에서 공변인과 집단효과가 유의하게 나타나야 한다. 집단과 공변인의 상호작용이 있는 모형에서 주효과인 공변인 및 집단효과가 유의하고 상호작용도 유의하게 나타날 경우 집단변수는 조절변수(moderating variable) 역할을 한다고 한다.

[연구문제 7-2]에서 '실험집단1'은 정서조절능력 향상을 위한 프로그램이 적용이 된 집단이고 '실험집단2'는 사고력 증진을 위한 프로그램이 적용된 집단이며 '통제집단'은 일반적인 아동교육 프로그램이 적용된 집단이다.

[JASP 모듈 선택]

통계분석 모듈 중 ANOVA 모듈에서 Classical 파트에 있는 ANCOVA 방법을 클릭한다.

[JASP 모듈 통계분석 옵션 기능 선택]

다음과 같이 설정한다.

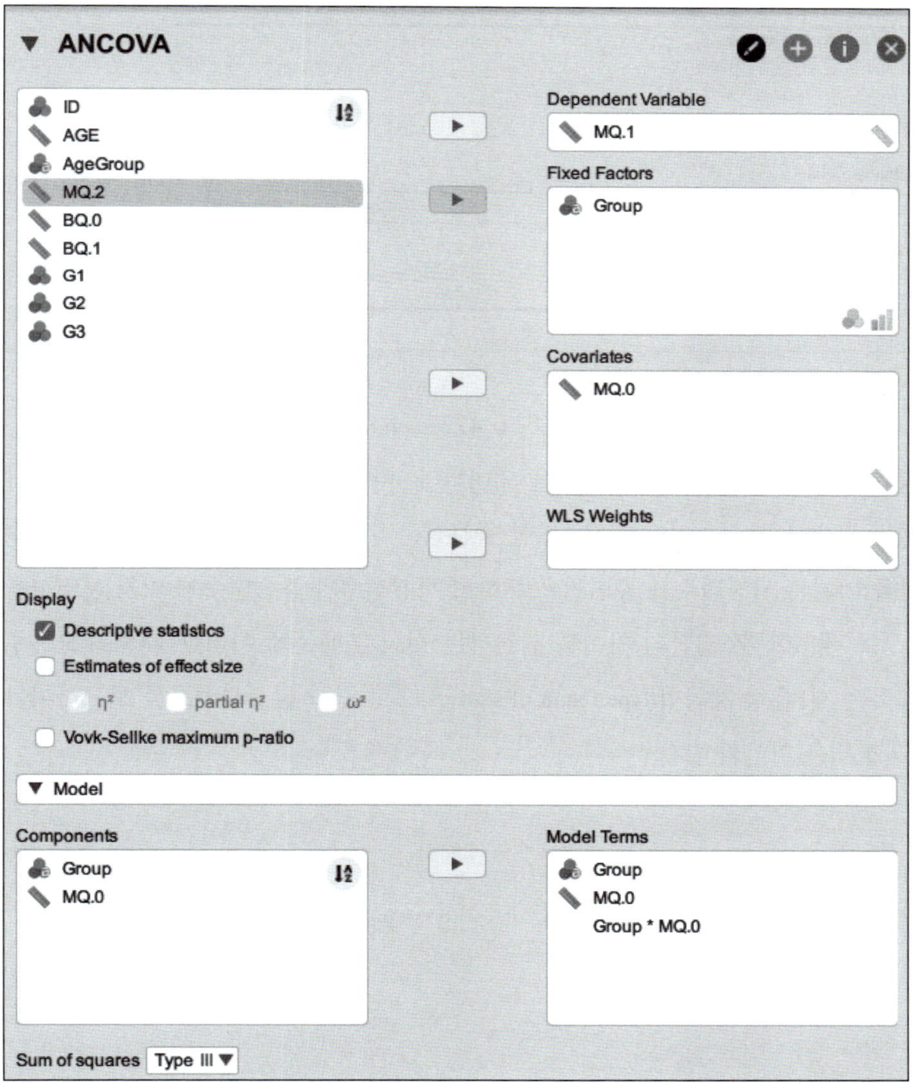

[JASP 분석결과 및 해석]

ANCOVA

ANCOVA - MQ.1

Cases	Sum of Squares	df	Mean Square	F	p
MQ.0	2.271	1	2.271	62.568	< .001
Group	0.129	2	0.065	1.779	0.175
Group ∗ MQ.0	0.054	2	0.027	0.747	0.477
Residuals	3.050	84	0.036		

Note. Type III Sum of Squares

Descriptives

Descriptives - MQ.1

Group	N	Mean	SD	SE	Coefficient of Variation
Control	30	2.424	0.194	0.035	0.080
Exp I	30	2.949	0.350	0.064	0.119
Exp II	30	2.752	0.193	0.035	0.070

상호작용에 대한 유의확률을 살펴보면 0.477로 유의수준 0.05보다 크게 나타났다. 이는 상호작용은 유의하지 않다는 것을 의미한다. 따라서 사전점수와 집단의 상호작용이 없는 모형을 분석하여야 한다. 또한 공분산분석의 목적이 종속변수인 사후점수에 영향을 미치는 사전점수를 공변인으로 하여 사전점수가 종속변수에 미치는 영향을 우선적으로 제거한 후 집단의 차이를 검정하는 것이기 때문에 이러한 과정을 보여주기 위해서는 제1유형 제곱합(type I sum of squares)으로 구한 분산분석표를 보고하여야 한다. 그 방법은 다음과 같다.

[JASP 모듈 통계분석 옵션 기능 선택] – 제1유형 제곱합 공분산분석

다음과 같이 설정한다.

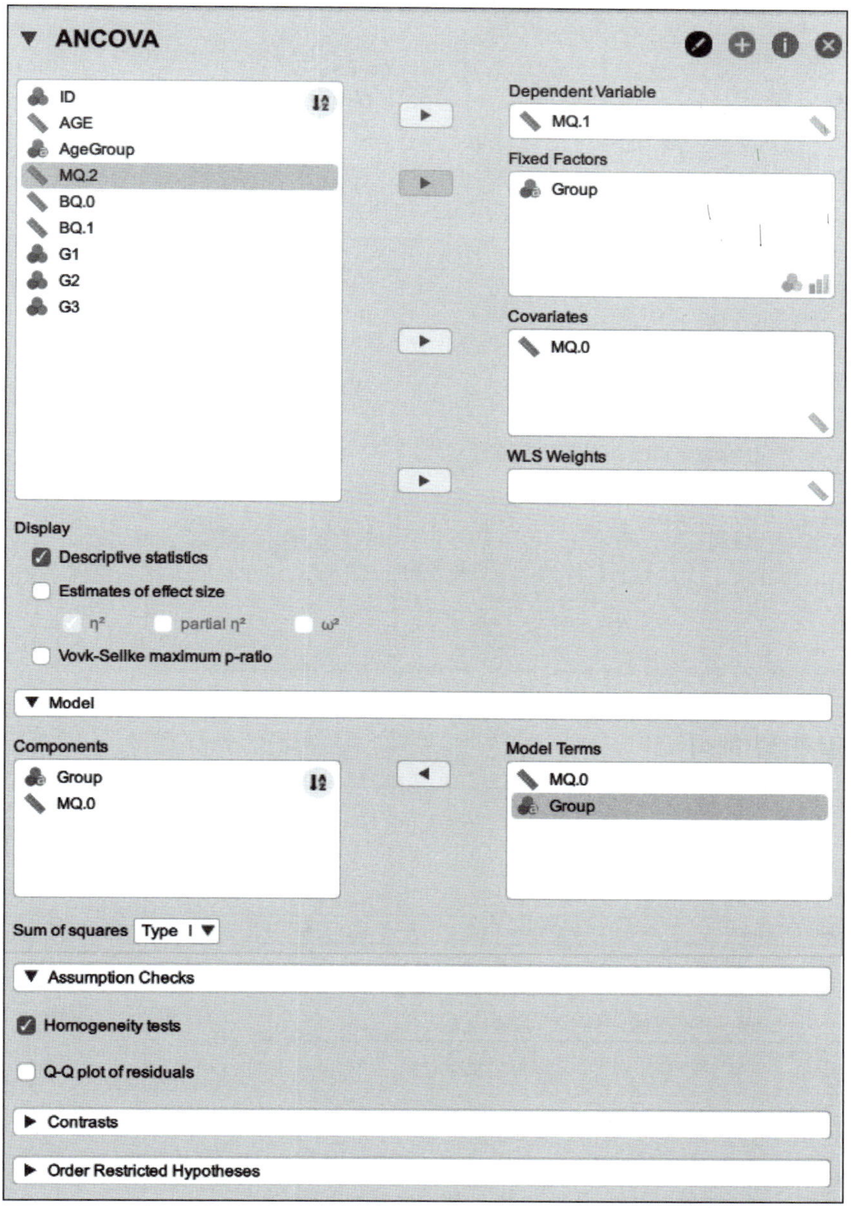

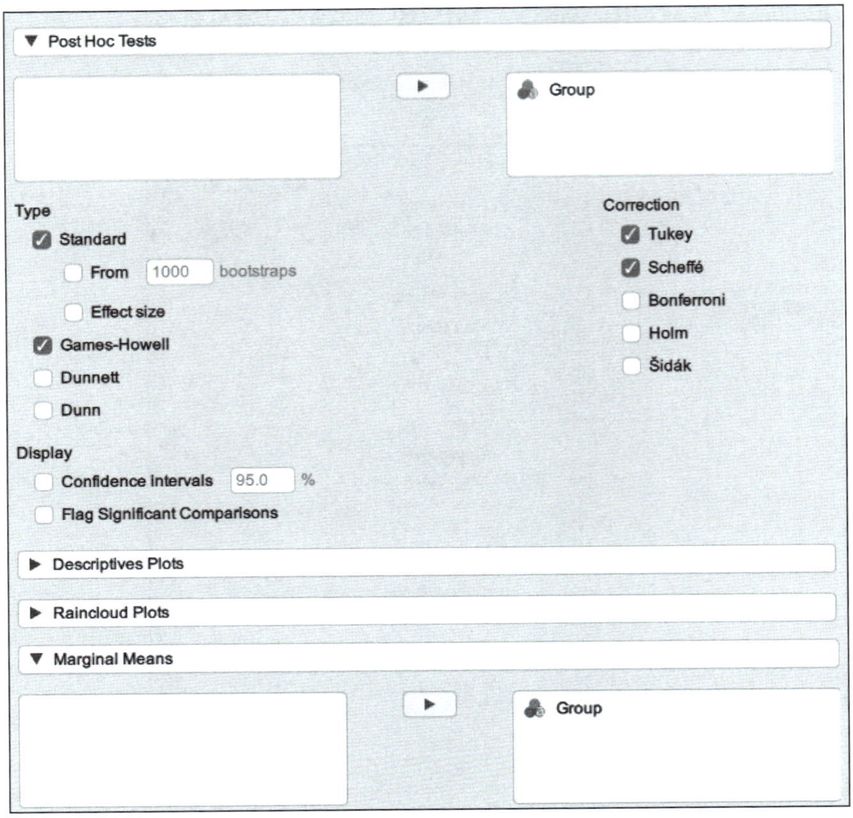

[JASP 분석결과 및 해석]

ANCOVA

ANCOVA - MQ.1

Cases	Sum of Squares	df	Mean Square	F	p
MQ.0	1.748	1	1.748	48.441	< .001
Group	5.101	2	2.551	70.674	< .001
Residuals	3.104	86	0.036		

Note. Type I Sum of Squares

Descriptives

Descriptives - MQ.1

Group	N	Mean	SD	SE	Coefficient of Variation
Control	30	2.424	0.194	0.035	0.080
Exp I	30	2.949	0.350	0.064	0.119
Exp II	30	2.752	0.193	0.035	0.070

Assumption Checks

Test for Equality of Variances (Levene's)

F	df1	df2	p
6.972	2.000	87.000	0.002

Marginal Means

Marginal Means - Group

		95% CI for Mean Difference		
Group	Marginal Mean	Lower	Upper	SE
Control	2.480	2.410	2.550	0.035
Exp I	3.051	2.979	3.124	0.037
Exp II	2.594	2.516	2.672	0.039

Post Hoc Tests

Standard

Post Hoc Comparisons - Group

		Mean Difference	SE	t	p_{tukey}	$p_{scheffe}$
Control	Exp I	−0.571	0.049	−11.580	< .001	< .001
	Exp II	−0.114	0.055	−2.066	0.103	0.125
Exp I	Exp II	0.458	0.058	7.921	< .001	< .001

Note. P-value adjusted for comparing a family of 3

Games-Howell

Games-Howell Post Hoc Comparisons - Group

Comparison	Mean Difference	SE	t	df	p_{tukey}
Control - Exp I	−0.525	0.073	−7.186	45.214	< .001
Control - Exp II	−0.328	0.050	−6.571	57.999	< .001
Exp I - Exp II	0.197	0.073	2.702	45.095	0.026

Note. Results based on uncorrected means.

정서조절능력 사전점수가 사후점수에 미치는 영향에 대한 유의성 검정 결과 유의확률이 <.001로 유의수준 0.05보다 작다. 이는 사전점수가 사후점수에 영향을 미친다는 것을 의미한다. 아울러 공변인(covariate)인 사전점수가 사후점수에 미치는 영향을 제거한 후 집단의 차이가 없다는 귀무가설에 대한 유의확률도 0.05보다 작다. 이는 집단 간의 차이도 있다는 것을 의미한다. 하지만 오차항에 대한 분산의 동일성에 대한 검정결과 유의확률이 0.002로 유의수준 0.05보다 매우 작다. 따라서 분산분석의 결

과 해석에 신중을 기할 필요가 있다.

오차분산이 동일하지 않기 때문에 이를 보정한 사후분석 결과를 살펴보면 집단 간의 추정된 사후점수의 평균 차가 유의한 것으로 나타났다. 좀 더 구체적으로 살펴보면, 공분산분석 모형에서 집단별 사후점수를 추정한 주변평균(Marginal Means)의 값을 살펴보면, 실험집단1(Exp I)(3.051), 실험집단2(Exp II)(2.594), 통제집단(Control)(2.480) 순으로 나타났으며, Games-Howell 사후분석 결과에서 집단별 비교 결과를 살펴보면 유의확률이 모두 0.05보다 작게 나타났다. 이를 통하여 정서조절능력 향상 프로그램이 부과된 실험집단1의 추정된 사후 정서조절능력 점수가 다른 두 집단에 비하여 높게 나타난 것을 확인하였다. 따라서 정서조절능력 향상 프로그램의 효과는 입증되었다고 볼 수 있다.

08 집단의 수 2 이상, 반복측정의 횟수가 3회 이상인 경우

연구문제 8-1 **동질성 검정**

정서조절능력 향상 프로그램이 효과적인지를 살펴보고자 한다.

실험집단1, 실험집단2, 통제집단의 구성은 동질적인가?

[연구문제 8-1]은 [연구문제 7-1]과 같다.

연구문제 8-2 **반복측정분산분석**

정서조절능력 향상을 위한 프로그램은 효과가 있는가?

[연구문제 해결을 위한 통계분석 설명]

[연구문제 8-2]는 예제 데이터 II(Data2.jasp)에서 동일 집단에 사전, 사후, 추후 등 3회 이상의 반복측정이 이루어졌을 경우에 두 개 이상의 집단비교를 위한 것이다. 이 경우 반복측정분산분석(Repeated Measures ANOVA; analysis of variance with repeated measures)을 적용할 수 있다. 반복측정분산분석은 각 집단수준에 속하는 구성원의 사고력이 시간이 경과함에 따라서(반복측정이 진행됨에 따라서) 선형적으로 증가하며 그 증가하는 형태는 집단에 따라서 다르다는 것을 상정하고 있다. 따라서 반복측정분산분석의 결과를 해석하기 위해서는 1) 집단의 효과가 통계적으로 유의하게 나타나고 2) 반복측정

에 따른 시간의 효과(또는 학습의 효과)가 나타나고 3) 반복측정에 따른 시간의 효과가 집단에 따라서 형태를 달리하고 있는지 여부를 살펴보아야 한다는 의미로 볼 수 있다.

반복측정분산분석 모형이 적용될 수 있는 상황에서는 동일한 개체에 대하여 사고력을 반복적으로 측정하고 있기 때문에 각 측정값이 서로 독립적이지 못하다. 이는 종속변수의 측정값에 대한 독립성을 가정하고 있는 공분산분석과 가장 큰 차이점이라고 볼 수 있다.

반복측정분산분석을 적용하기 위해서는 오차항의 공분산 행렬에 대한 구조가 반복측정분산분석 모형에서 상정하고 있는 구조와 동일한지 여부를 검증하여야 한다. 이를 구형성 검정(sphericity test)이라고 부른다. 구형성 검정에서의 귀무가설은 연구자가 분석하고자 하는 데이터가 반복측정분산분석에서 가정하고 있는 오차항의 공분산 행렬에 대한 가정을 적용시킬 수 있다는 것이다. 구형성 검정 결과 귀무가설이 채택되면(유의확률이 유의수준 0.05보다 크면) 반복측정분산분석 결과를 보면 되고, 귀무가설이 기각될 경우(유의확률이 유의수준 0.05보다 작을 경우) 자유도를 보정한 결과를 토대로 해석하거나 반복측정된 종속변수의 값을 다변량으로 놓고 집단비교를 한 다변량분산분석(Multivariate ANOVA)으로 분석하여야 한다.

[JASP 모듈 선택]

통계분석 모듈 중 ANOVA 모듈에서 Classical 파트에 있는 Repeated Measures ANOVA 방법을 클릭한다.

[JASP 모듈 통계분석 옵션 기능 선택] – 공변인이 없는 반복측정분산분석

반복측정분산분석의 본질적인 목표는 동일한 연구대상을 반복적으로 측정할 경우 반복적으로 측정된 값의 평균을 집단 간에 비교하는 것이다. 이 교재의 예제에서는 실험집단1, 실험집단2, 통제집단의 사전점수, 사후점수, 추후점수를 비교하는 것이다. 즉, 사전점수도 비교의 대상이 되는 것이다. 특정한 홍보프로그램을 시작한 이후 각 지점의 매출액을 비교하기 위하여 홍보 개시 후 1개월, 2개월, 3개월 후에 반복적으로 매출액을 조사한 경우와 같이 홍보 개시 후 1개월의 자료도 당연히 비교의 대상이 된다. 하지만 특정 프로그램이 부과되기 전에 사전검사를 통하여 측정한 사전점수, 프로그램 부과 후 측정한 사후점수, 프로그램이 종료된 후 일정 기간이 지난 다음 측정한 추후점수와 같은 형태로 자료가 구성된 경우에는 사전점수는 비교의 대상이 아니다. 특정 프로그램, 비교 프로그램, 무처치 프로그램의 효과비교를 공정하게 진행하고 있는지를 입증하기 위한 방법으로 반복측정분산분석을 사용할 경우에는 사전점수는 사후점수와 추후점수에 미치는 효과를 우선적으로 통제하기 위한 공변인(covariate)으로 처리되어야 한다.

[연구문제 8-1]의 결과를 무시하고 사전점수의 동질성이 확보되었다고 가정을 한 상태에서 [연구문제 8-2]를 공변인이 없는 반복측정분산분석으로 분석하는 방법은 다음과 같다.

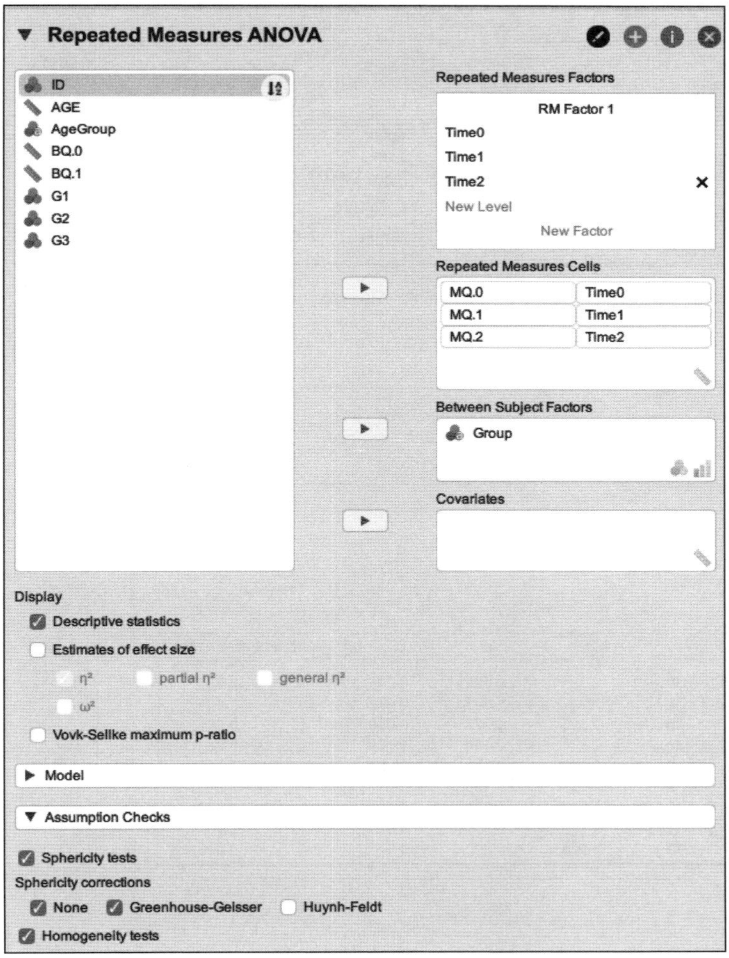

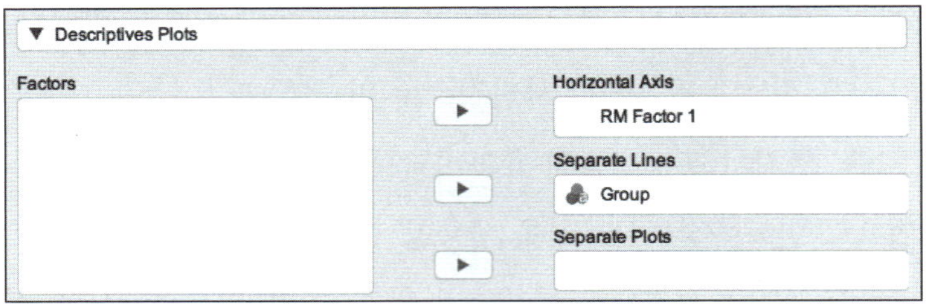

[JASP 분석결과 및 해석]

Repeated Measures ANOVA

Within Subjects Effects

Cases	Sphericity Correction	Sum of Squares	df	Mean Square	F	p
RM Factor 1	None	20.940[a]	2.000[a]	10.470[a]	553.001[a]	< .001[a]
	Greenhouse-Geisser	20.940	1.297	16.147	553.001	< .001
	Huynh-Feldt	20.940	1.308	16.006	553.001	< .001
RM Factor 1 ∗ Group	None	12.206[a]	4.000[a]	3.052[a]	161.178[a]	< .001[a]
	Greenhouse-Geisser	12.206	2.594	4.706	161.178	< .001
	Huynh-Feldt	12.206	2.616	4.665	161.178	< .001
Residuals	None	3.294	174.000	0.019		
	Greenhouse-Geisser	3.294	112.823	0.029		
	Huynh-Feldt	3.294	113.817	0.029		

Note. Type III Sum of Squares
[a] Mauchly's test of sphericity indicates that the assumption of sphericity is violated (p < .05).

Between Subjects Effects

Cases	Sum of Squares	df	Mean Square	F	p
Group	11.608	2	5.804	31.054	< .001
Residuals	16.260	87	0.187		

Note. Type III Sum of Squares

Descriptives

Descriptives

RM Factor 1	Group	N	Mean	SD	SE	Coefficient of Variation
Time0	Control	30	2.285	0.191	0.035	0.083
	Exp I	30	2.212	0.341	0.062	0.154
	Exp II	30	2.626	0.277	0.050	0.105
Time1	Control	30	2.424	0.194	0.035	0.080
	Exp I	30	2.949	0.350	0.064	0.119
	Exp II	30	2.752	0.193	0.035	0.070
Time2	Control	30	2.592	0.231	0.042	0.089
	Exp I	30	3.629	0.381	0.070	0.105
	Exp II	30	2.948	0.222	0.041	0.075

Descriptives plots

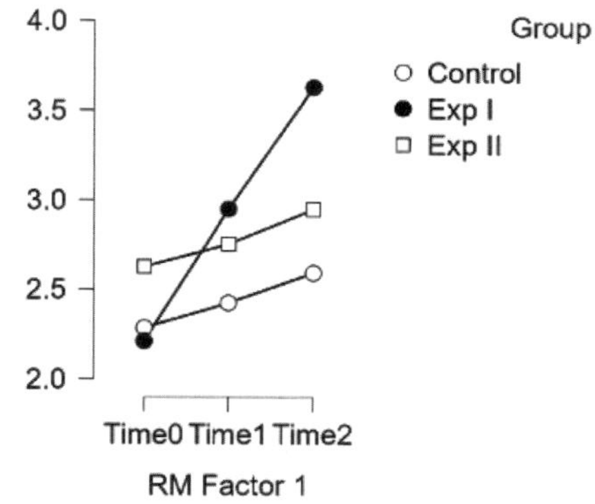

Assumption Checks

Test for Equality of Variances (Levene's)

	F	df1	df2	p
MQ.0	3.388	2	87	0.038
MQ.1	9.995	2	87	< .001
MQ.2	6.212	2	87	0.003

Test of Sphericity

	Mauchly's W	Approx. X^2	df	p-value	Greenhouse-Geisser ε	Huynh-Feldt ε	Lower Bound ε
RM Factor 1	0.458	67.200	2	< .001	0.648	0.654	0.500

구형성 검정(Test of Sphericity) 결과 유의확률이 <.001로 유의수준 0.05보다 작다. 이는 반복측정분산분석모형을 적용하는 데 문제가 있을 수 있다는 것을 의미한다. 구형성 가정의 문제가 없을 경우에는 개체-내 효과(Within Subjects Effects)에서 구형성 보정(Sphericity Correction)을 하지 않은(None) 출력결과를 보면 되지만, 구형성 가정이 기각이 될 경우에는 자유도를 보정한 Greenhouse-Geisser 반복측정분산분석 결과를 살펴보거나 다변량분석으로 분석하여야 한다.

여기서는 구형성 가정 위반에 따른 자유도를 조정한 결과인 Greenhouse-Geisser 결과 또는 Huynh-Feldt 결과를 살펴볼 필요가 있다. 일반적으로 엡실런(ε) 값이 0.75 이상일 경우에는 Huynh-Feldt 결과가 권장되고, 0.75 미만일 경우에는 Greenhouse-Geisser 결과가 권장된다. 구형성 검정 결과에서 엡실런 값 모두 0.75보다 작기 때문에 Greenhouse-Geisser 결과를 보면 된다. 따라서 자유도는 2에다가 엡실런 값을 곱한 값으로 보정된 자유도가 된다. 개체-내 효과(Within Subjects Effects)에서 Greenhouse-Geisser 방법으로 자유도를 보정한 경우의 반복측정 요인1(RM Factor 1)에 대한 유의확률을 살펴보면 <.001로 유의수준 0.05보다 작게 나타났다. 이는 [연구문제 8-2]에서 반복측정 요인을 측정시점(사전, 사후, 추후)으로 설정하였기 때문에 반복측정의 효과(시간의 효과)인 시간의 효과가 있다는 의미이다. 또한 시간과 집단의 상호작용(RM Factor 1*Group) 효과를 살펴보기 위하여 자유도를 보정한 Greenhouse-Geisser 결과를 보면 유의확률이 <.001로 유의수준 0.05보다 작게 나타났다. 이는 시간의 변화에 따른 정서조절능력의 변화가 집단에 따라서 다르게 나타나고 있다는 것을 의미한다.

개체-간 효과(Between Subjects Effects)를 검정한 분석결과를 살펴보면, 집단(Group)의 효과에 대한 유의확률이 <.001로 유의수준 0.05보다 작다. 이는 집단의 효과가 있다는 것을 의미한다.

[연구문제 8-2]에 대한 반복측정분산분석 결과를 보고하는 일반적인 방법은 <표 3-10>과 같다.

〈표 3-10〉 반복측정분산분석 분산분석표

효과	변동요인	제곱합	자유도	평균제곱합	검정통계량	유의확률
개체-간 (Between Subjects)	집단 (Group)	11.608	2	5.804	31.054	<.001
	오차 (집단/프로그램)	16.260	87	0.187		
개체-내[1] (Within Subjects)	시간 (Time)	20.940	1.297	16.147	553.001	<.001
	시간*집단 (Time*Group)	12.206	2.594	4.706	161.178	<.001
	오차 (시간*집단/프로그램)		112.823			

주) 1) Mauchly의 다중공선성 검정결과 귀무가설이 기각되어 Greenhouse-Geisser 방법으로 자유도를 보정한 결과임.

일반적으로 반복측정분산분석에서 시간과 집단의 상호작용(Time*Group)에만 관심을 두는 경향이 있는데 이와 같은 방법은 분석결과를 잘못 해석할 수 있는 가능성이 매우 크다. 대표적으로 잘못 해석할 수 있는 경우는 집단 효과가 통계적으로 유의하지 못하지만 상호작용이 유의하게 나타난 경우이다. 이 경우 상호작용이 유의하게 나타나는 경우는 시간의 변화에 따른 종속변수의 변화가 집단에 따라서 그 형태를 달리하기 때문에 집단의 효과가 있다고 해석하는데, 이는 사전검사에서 집단의 차이가 없을 경우(즉 사전검사에서의 집단의 동질성이 확보되었을 경우)에는 맞는 해석이라고 볼 수 있다. 하지만 사전검사에서 집단의 동질성이 확보되지 못하였을 경우에는 반복측정분산분석에서 집단효과, 시간효과, 집단과 시간의 상호작용이 모두 유의하게 나타나야 집단의 효과에 대한 통계적 유의성을 말할 수 있게 된다.

[연구문제 8-2]를 위한 반복측정분산분석을 사용할 경우 세 집단의 오차항의 공분산행렬이 동일하지 않으며 오차분산 또한 동일하지 않기 때문에 반복측정분산분석의 결과를 해석 시 주의를 요한다.

세 집단의 사전, 사후, 추후의 정서조절능력 평균을 나타내는 기술통계도(Descriptives plots)를 살펴보면, 실험집단1(Exp I)은 사전점수에서 통제집단(Control)과는 큰 차이가 없지만 실험집단2(Exp II)에 비해서는 정서조절능력 사전점수가 낮다는 것을 시각적으로 알 수 있다. 하지만 프로그램이 진행되고 시간이 지남에 따라서 사후점수와 추후점수에서 나타난 결과를 보면 실험집단1(Exp I)은 다른 두 집단에 비하여 정서조절능력이 급격하게 증가되고 있는 것을 시각적으로 확인할 수 있다. 이를 프로그램 효과라고 보는 연구자도 있지만 앞에서 언급하였듯이 사전점수에서 세 집단의 동질성이 확보되지 않았을 경우 이를 프로그램 효과라고 주장하기에는 무리가 있다는 것을 다시 한 번 강조한다.

[JASP 모듈 통계분석 옵션 기능 선택] – 공변인이 있는 반복측정분산분석

반복측정이 3회 이상인 상황에서 반복측정분산분석을 적용할 경우 사전점수에서 집단의 차이가 없으며(즉 사전점수에서의 집단의 동질성이 확보되며) 집단효과, 시간효과, 집단과 시간의 상호작용이 모두 유의하게 나타나야 집단의 효과에 대한 통계적 유의성을 말할 수 있게 된다. 하지만 사전점수에서 평균의 동일성이 확보되지 못할 경우에는 사전점수의 점수를 공변인(covariates)으로 설정하고 사후점수와 추후점수를 반복측정된 것으로 간주하여 반복측정분산분석을 실시하여야 한다.

[연구문제 8-1]의 결과를 살펴보면 실험집단1, 실험집단2, 통제집단 세 집단의 정서조절능력의 사전 평균이 동일하다는 귀무가설이 기각되어 세 집단 간의 사후점수와 추후점수를 공정하게 비교하기 위해서는 사전점수가 사후점수 및 추후점수에 미치는 영향을 통제하여야 한다. 이를 위해서는 반복측정분산분석에서 사전점수를 공변인(covariates)으로 설정하여야 하며, 그 방법은 다음과 같다.

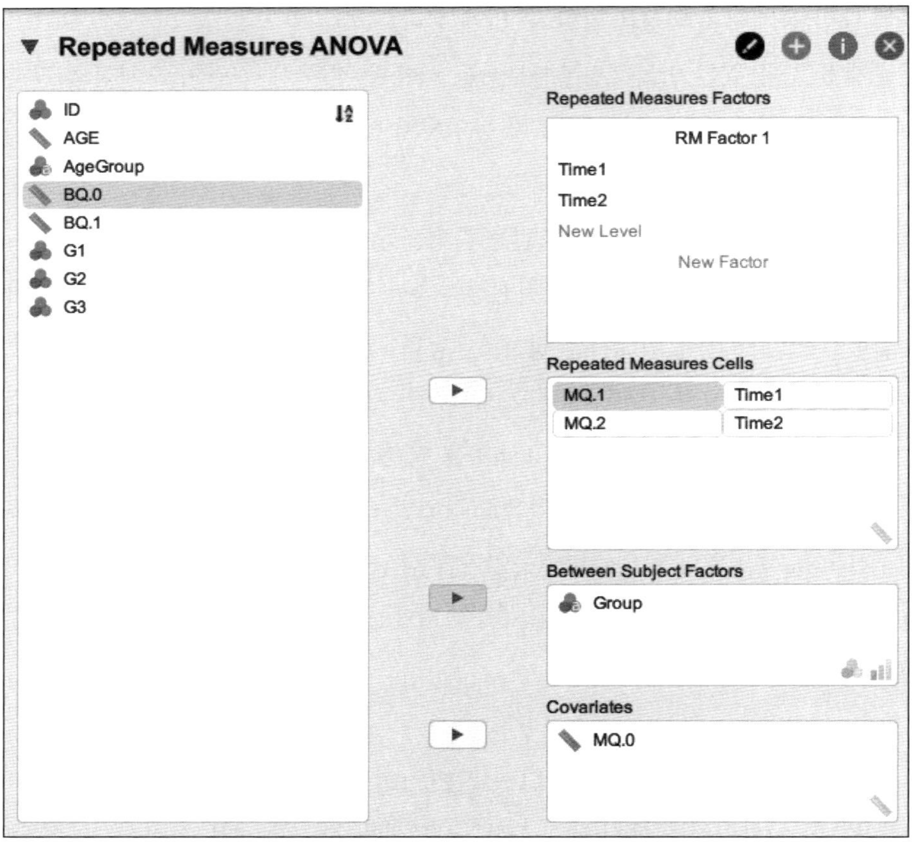

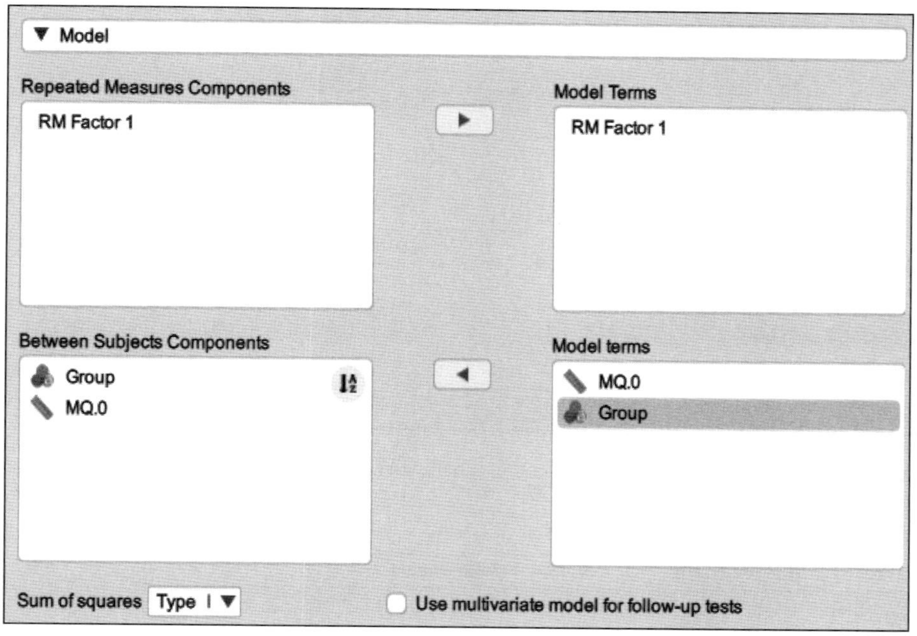
Model
Repeated Measures Components
RM Factor 1
Model Terms
RM Factor 1
Between Subjects Components
Group
MQ.0
Model terms
MQ.0
Group
Sum of squares
Type Ⅰ
Use multivariate model for follow-up tests

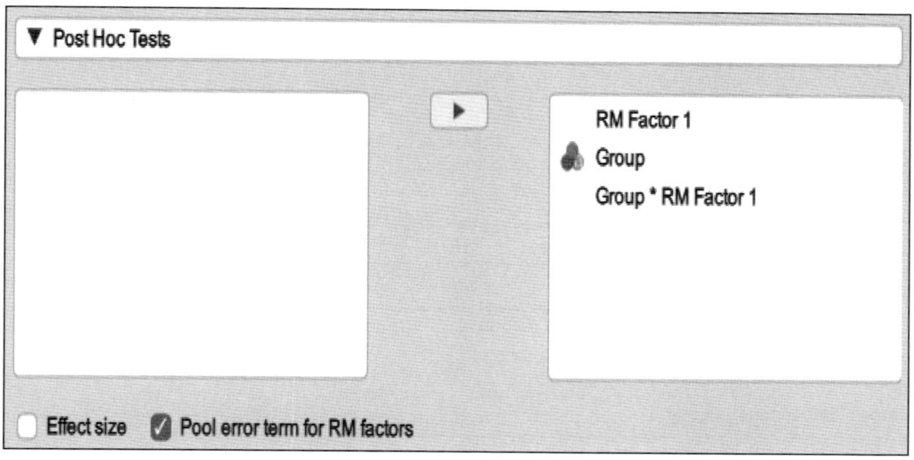
Post Hoc Tests
RM Factor 1
Group
Group * RM Factor 1
Effect size
Pool error term for RM factors

[JASP 분석결과 및 해석]

Repeated Measures ANOVA

Within Subjects Effects

Cases	Sum of Squares	df	Mean Square	F	p
RM Factor 1	5.443	1	5.443	1022.025	< .001
RM Factor 1 * MQ.0	0.212	1	0.212	39.840	< .001
RM Factor 1 * Group	2.277	2	1.139	213.825	< .001
Residuals	0.458	86	0.005		

Note. Type I Sum of Squares

Between Subjects Effects

Cases	Sum of Squares	df	Mean Square	F	p
MQ.0	1.986	1	1.986	24.916	< .001
Group	22.009	2	11.005	138.053	< .001
Residuals	6.855	86	0.080		

Note. Type I Sum of Squares

Post Hoc Tests

Post Hoc Comparisons - RM Factor 1

		Mean Difference	SE	t	p_{holm}
Time1	Time2	−0.348	0.011	−31.969	< .001

Note. Results are averaged over the levels of: Group

Post Hoc Comparisons - Group

		Mean Difference	SE	t	p_{holm}
Control	Exp, I	−0.829	0.052	−15.981	< .001
	Exp, II	−0.121	0.058	−2.086	0.040
Exp, I	Exp, II	0.708	0.061	11.662	< .001

Note. P-value adjusted for comparing a family of 3
Note. Results are averaged over the levels of: RM Factor 1

반복측정분산분석에서 구형성 검정을 실시하기 위해서는 반복측정 회수가 3회 이상이어야 한다. 따라서 구형성 검정의 유의확률은 출력되지 않았다. 우선 '개체-간 효과검정(Between Subjects Effects)' 결과를 살펴보면, 공변인인 사전점수(MQ.0)의 효과에 대한 유의확률은 <.001로 유의수준 0.05보다 작게 나타났다. 이는 사전점수가 사후점수 및 추후점수에 영향을 미치고 있다는 것을 의미하는 것으로 사전점수에 대한 동질성 검정의 당위성과 공변인이 있는 반복측정분산분석이 타당하다는 주장을 뒷받침하고 있다. 또한 집단의 효과를 검증하는 유의확률은 <.001로 나타났으며, 이는 세 집단 간에 사전점수의 효과를 통제한 사후점수 및 추후점수의 평균이 동일하지 않다는 것을 의미한다.

'개체-내 효과 검정(Within Subjects Effects)' 결과를 살펴보면 시간(RM Factor 1), 시간과 사전점수의 상호작용(RM Factor 1 * MQ.0), 시간과 집단의 상호작용(RM Factor 1 * Group)에 대한 유의확률이 모두 <.001로 유의하게 나타났다. 이는 시간의 효과가 있다는 것(시간의 경과에 따라서 정서조절능력은 증가하고 있으며), 사전점수가 사후점수 및 추후점수에 미치는 영향이 시간에 따라서 다르게 나타나고 있다는 것, 사전점수가 사후 및 추후점수에 미치는 영향력이 집단에 따라서 다르게 나타나고 있다는 것을 의미한다. 시각적으로 이를 확인하는 방법은 다음과 같다.

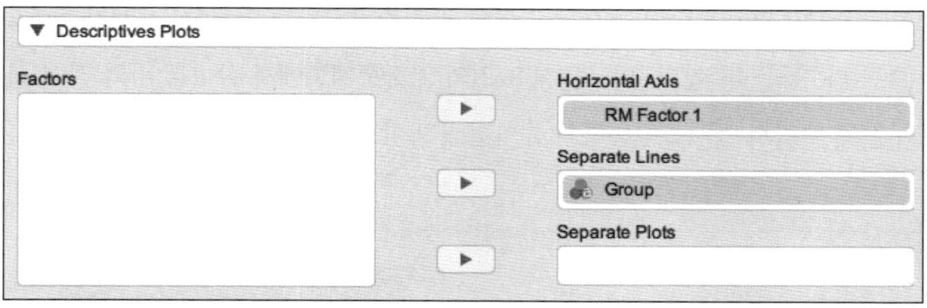

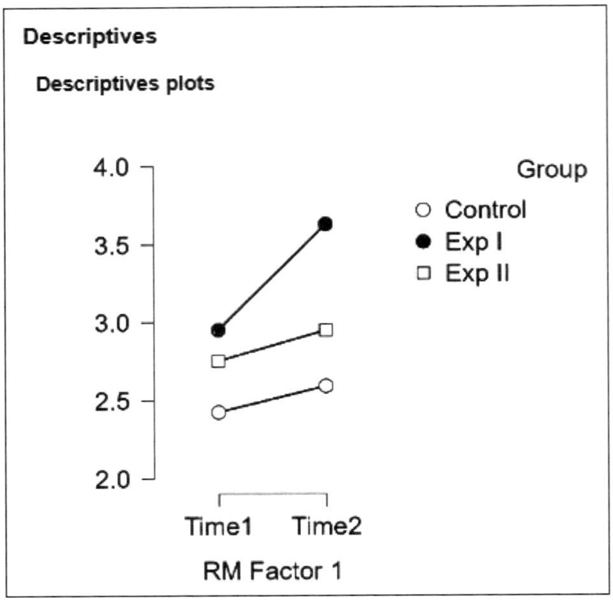

기술통계도(Descriptives plots)를 살펴보면, 시간의 경과에 따라서 정서조절능력은 증가하지만 그 증가하는 패턴은 집단에 따라서 다르다는 것을 시각적으로 나타내고 있다. 특히 실험집단1(Exp I)의 경우 사후점수, 추후점수의 증가 패턴이 통제집단(Control)과 실험집단2(Exp II)의 경우보다 가파르게 증가되고 있다는 것을 시각적으로 확인할 수 있다. 아울러, 앞의 [연구문제 8-2]의 기술통계도에서 살펴본 바와 같이 사전점수의 값에 따라서 정서조절능력의 증가형태 또한 다르다는 것을 알 수 있다.

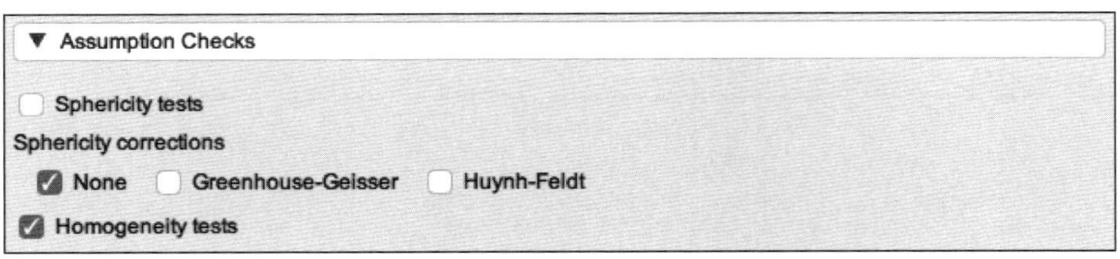

Assumption Checks

Test for Equality of Variances (Levene's)

	F	df1	df2	p
MQ.1	6.972	2	87	0.002
MQ.2	5.091	2	87	0.008

오차분산의 동일성 검정결과를 살펴보면 사후점수(MQ.1)와 추후점수(MQ.2)에 대한 세 집단의 오차분산의 동일성 검정 결과 유의확률이 유의수준 모두 0.05보다 작게 나타났다. 이는 세 집단의 정서조절능력 사후점수, 추후점수에 대한 분산이 동일하지 않다는 것을 의미한다. 사전점수의 공변인 효과를 제거한 후 집단 효과가 나타났지만 이러한 결과는 집단 간의 오차분산이 동일하다는 것을 가정하고 있는 반복측정분산분석의 결과이기 때문에 해석할 시에 주의를 필요로 한다는 것을 의미한다.

[프로그램 효과 검증을 통계분석 설명]

[연구문제 7]과 [연구문제 8]과 같이 프로그램의 효과를 입증하기 위한 연구문제의 경우 적용할 수 있는 통계적 방법을 정리할 필요가 있다. 집단별 2회 이상 반복측정된 자료를 이용하여 집단의 비교를 할 경우 적용할 수 있는 일반적인 방법은 대응표본 t-검정, 공분산분석, 반복측정분산분석, 공변인이 있는 반복측정분산분석이 있다. 하지만 대응표본 t-검정(paired t-test)의 경우 사전점수에 대한 집단의 동질성이 확보되지 못할 경우 많은 비판에 직면할 수 있으며, 반복측정분산분석 또한 사전점수에 대한 평균의 동일성이 보장되지 못할 경우 집단 또는 집단과 시기의 상호작용의 유의성만을 토대로 프로그램의 효과를 주장하는 것은 잘못된 해석이다. 결론적으로 반복측정의 수가 2회일 경우에는 사전점수를 공변인으로 한 공분산분석이 최적의 모형이며, 반복측정의 수가 3회 이상인 경우에는 사전점수를 공변인으로 한 반복측정분산분석을 권장한다. 아울러, 집단 효과의 유의성, 시간 효과의 유의성, 집단과 시간의 상호작용의 유의성을 토대로 해석할 것을 권장한다.

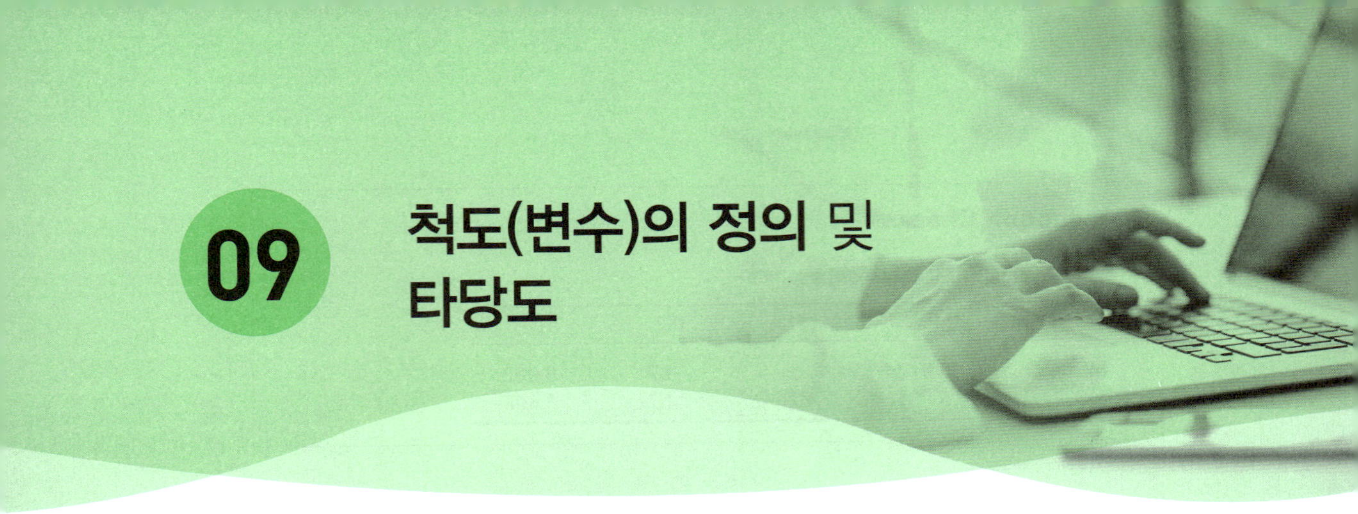

09 척도(변수)의 정의 및 타당도

연구문제 9 | **타당도 분석**
문항 Q1~Q20은 몇 개의 요인으로 구성되어 있는가?

[연구문제 해결을 위한 통계분석 설명]

[연구문제 9]는 새로운 척도를 개발하였거나 다른 연구에서 개발되어 검증된 척도를 모집단 또는 대상이 다르게 진행되고 있는 현재의 연구에서 사용하고자 할 경우 몇 개의 요인 또는 구성개념으로부터 반영되어 나오는지를 탐색적으로 살펴보는 경우이다. 이와 같은 경우에 적용하는 방법이 탐색적 요인분석(EFA: exploratory factor analysis)이다.

[연구문제 9]를 위해서는 <표 2-1>과 <표 2-2>에서 제시한 변수 모두를 포함하고 있는 파일(Data1.jasp)을 사용해야 한다. JASP 시작화면에서 'Data1.jasp' 파일을 연다.

[JASP 모듈 선택]

통계분석 모듈 중 Factor 모듈에서 Exploratory Factor Analysis 방법을 클릭한다.

[JASP 모듈 통계분석 옵션 기능 선택]

다음과 같이 설정한다(Q1부터 Q20까지의 변수를 우측 Variables 상자 안으로 보내기 위해서는 Q1 변수를 마우스로 클릭한 후에 Shift 키를 누른 상태에서 Q20 변수를 클릭하여 Q1부터 Q20까지 20개의 변수를 선택한 다음 ▶을 클릭한다).

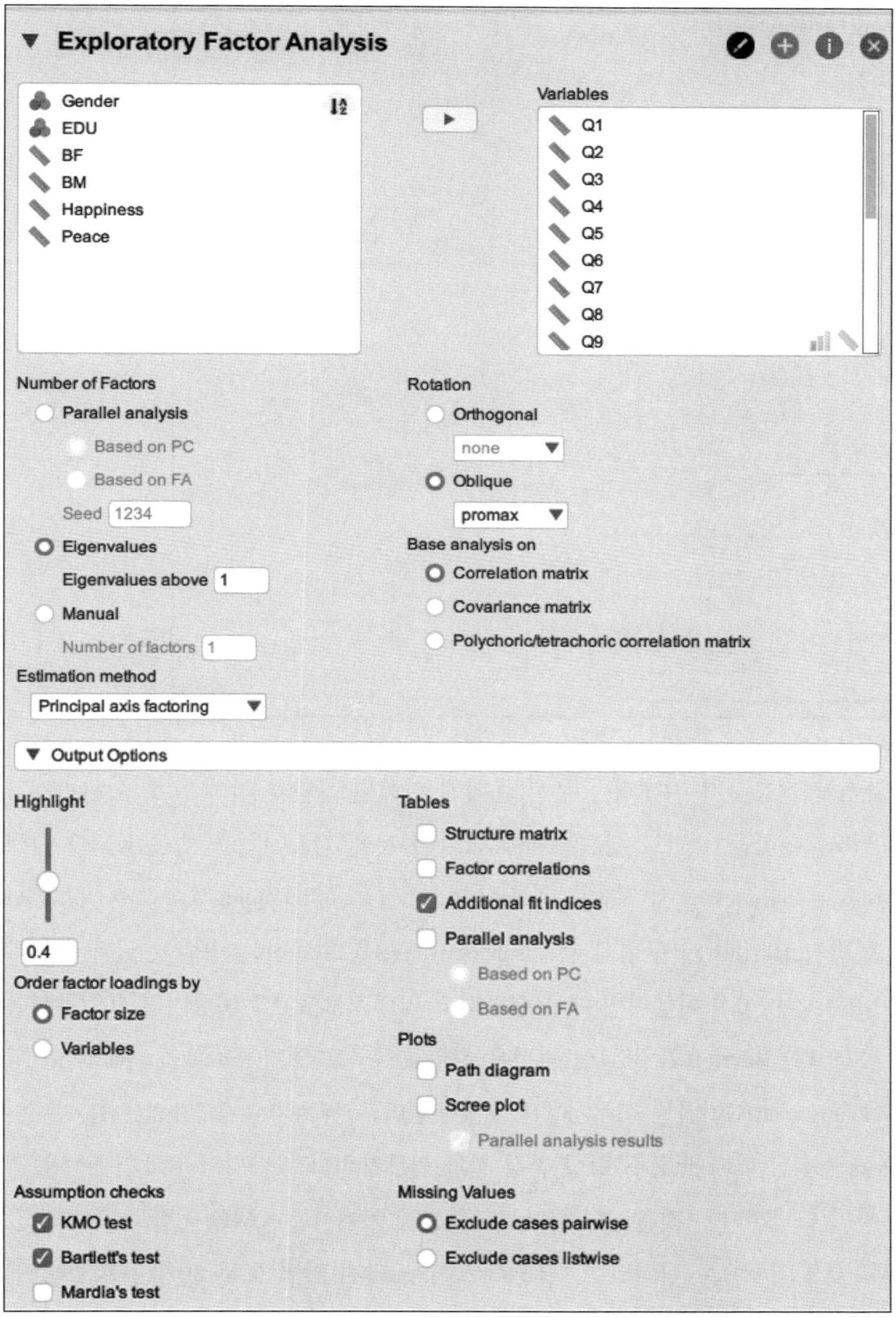

[JASP 분석결과 및 해석]

Exploratory Factor Analysis

Kaiser-Meyer-Olkin test

	MSA
Overall MSA	0.929
Q1	0.937
Q2	0.941
Q3	0.944
Q4	0.927
Q5	0.937
Q6	0.942
Q7	0.938
Q8	0.932
Q9	0.911
Q10	0.938
Q11	0.945
Q12	0.929
Q13	0.943
Q14	0.934
Q15	0.947
Q16	0.902
Q17	0.915
Q18	0.867
Q19	0.910
Q20	0.873

Bartlett's test

X²	df	p
15694.517	190.000	< .001

Chi-squared Test

	Value	df	p
Model	803.216	116	< .001

요인분석을 적용하기 위해서는 우선 분석에 사용된 문항들 간에 서로 상관관계가 있어야 된다. 문항들이 서로 상관관계에 있다는 것을 검정하는 방법은 KMO 검정(Kaiser-Meyer-Olkin test)에서 적합도 측도(MSA: Measure of Sampling Adequacy) 값을 사용하는 방법과 Bartlett의 구형성 검정(sphericity test)을 사용하는 방법이 있다. KMO 검정의 MSA 값이 0.9 이상이면 매우 흡족하고 일반적으로 0.7 이상이면 요인분석을 적용할 수 있다. Bartlett의 구형성 검정은 문항들의 상관행렬(correlation matrix)이 항등행렬(identity matrix)이라는 귀무가설(즉 문항들 간의 상관관계가 존재하지 않는다는 귀무가설)에 대한 검정을 나타낸다. 구형성 검정 결과 귀무가설이 기각되어야 요인분석을 적용하는 것이 타당하다는 것을 의미한다. [연구문제 9]에서는 KMO 적합도 측도의 값이 대부분 0.9 이상으로 나타났다. 결론적으로 두 가지 방법 모두 20개 문항들 간에 상관관계가 존재한다는 것을 나타내고 있다.

Factor Loadings

	Factor 1	Factor 2	Factor 3	Factor 4	Uniqueness
Q4	0.798				0.476
Q5	0.715				0.481
Q2	0.690				0.546
Q3	0.690				0.404
Q1	0.618				0.581
Q6	0.409				0.645
Q12		0.836			0.440
Q13		0.754			0.407
Q11		0.690			0.425
Q14		0.675			0.407
Q15		0.675			0.444
Q18			0.853		0.391
Q16			0.714		0.463
Q17			0.558		0.717
Q20			0.495		0.708
Q19			0.456		0.631
Q9				0.832	0.461
Q7				0.593	0.536
Q8				0.519	0.641
Q10				0.510	0.528

Note. Applied rotation method is promax.

Factor Characteristics

	Unrotated solution			Rotated solution		
	SumSq. Loadings	Proportion var.	Cumulative	SumSq. Loadings	Proportion var.	Cumulative
Factor 1	6.727	0.336	0.336	2.850	0.143	0.143
Factor 2	1.631	0.082	0.418	2.840	0.142	0.284
Factor 3	0.733	0.037	0.455	2.173	0.109	0.393
Factor 4	0.576	0.029	0.483	1.804	0.090	0.483

Additional fit indices

RMSEA	RMSEA 90% confidence	TLI	BIC
0.055	0.052 - 0.059	0.927	−75.313

Factor Correlations

	Factor 1	Factor 2	Factor 3	Factor 4
Factor 1	1.000	0.599	0.410	0.702
Factor 2	0.599	1.000	0.643	0.587
Factor 3	0.410	0.643	1.000	0.418
Factor 4	0.702	0.587	0.418	1.000

요인추출방법으로는 주축요인추출(principal axis factoring) 방법을 사용하고 회전방법(Oblique)으로는 프로맥스(promax) 방법을 사용한 결과 네 개의 요인으로 나타낼 수 있음을 알 수 있다. 탐색적 요인분석을 사용할 경우 동일 요인에서 반영되어 나온 문항들은 서로 상관관계가 높아야 된다. 이를 수렴타당성(convergent validity)이라고 부른다. 탐색적 요인분석에서 수렴타당성을 확보하는 방법은 일반적으로 요인과 항목을 연결하는 요인적재(factor loading) 값이 일정한 값 이상이면 된다. 요구되는 최소 요인적재 값은 표본의 크기에 따라서 다르며 일반적으로 권장되는 요인적재 값은 <표 3-11>과 같다.

〈표 3-11〉 표본의 크기에 따른 최소 요인적재 값

표본의 크기	최소 요인적재 값
50	0.75
100	0.55
150	0.45
200	0.40
250	0.35
350	0.30

본 예제에서는 표본의 크기가 1,946이기 때문에 수렴타당성을 위하여 요구되는 요인적재 값은 0.3 이상이면 된다. 출력결과 모든 요인적재 값이 0.3 이상임을 확인할 수 있다. 출력결과를 토대로 요인을 묶을 경우 요인1(Factor 1)은 Q1, Q2, Q3, Q4, Q5, Q6으로 구성되고, 요인2(Factor 2)는 Q11, Q12, Q13, Q14, Q15로 구성되고, 요인3(Factor 3)은 Q16, Q17, Q18, Q19, Q20으로 구성되며, 요인4(Factor 4)는 Q7, Q8, Q9, Q10으로 구성될 수 있다는 것을 나타내고 있다.

서로 다른 요인에서 반영된 문항들은 원칙적으로 상관관계가 없거나 상관관계가 있더라도 그 관계가 강하지 않아야 되며 서로 다른 요인끼리는 서로 구별될 수 있어야 한다. 이를 판별타당성(discriminant validity)이라고 부른다. 판별타당성을 확인하는 한 가지 방법은 요인 상관행렬(factor correlation matrix)을 이용하는 방법이다. 요인 간의 상관계수가 0.707 이상일 경우 두 변수가 공유하는 분산은 50% 이상이 되며 이는 두 요인이 서로 구별될 수 있다고 판단하기에는 어려움이 있다는 것을 의미하기 때문이다. 본 예제에서는 요인 간의 모든 상관계수(Factor Correlations)가 0.702 이하이기 때문에 탐색적 요인분석을 통한 판별타당성이 확보되었다고 볼 수 있다. 수렴타당성과 판별타당성을 검증할 수 있는 또 다른 방법은 확인적 요인분석(Confirmatory Factor Analysis)이다.

탐색적 요인분석은 여러 개의 문항을 소수의 요인으로 축약하는 방법이다. 따라서 전체 문항이 가지고 있는 정보를 축약된 요인으로 어느 정도 나타내고 있는지도 탐색적 요인분석을 통하여 알 수 있는 중요한 내용이다. 요인특성(Factor Characteristics) 출력결과를 살펴보면 네 개의 요인들에 의해서 설명되는 분산의 비율(Proportion var.)은 각각 14.3%, 14.2%, 10.9%, 9%이고 이들 네 개의 요인은 20개의 문항이 가지고 있는 분산 중 48.3%를 누적(Cumulative) 설명하고 있다는 것을 의미한다.

확인적 요인분석(Confirmatory Factor Analysis)을 통하여 수렴타당성 및 판별타당성을 검증하는 방법은 본 교재에서는 자세히 다루지 않고 그 방법만 간단하게 소개 하고자 한다.

[JASP 모듈 선택]

통계분석 모듈 중 **Factor** 모듈에서 **Confirmatory Factor Analysis** 방법을 클릭한다.

[JASP 모듈 통계분석 옵션 기능 선택]

다음과 같이 설정한다(Q1~Q5를 선택하여 Factor 1 상자로 보낸 후 [+] 버튼을 눌러서 Factor 2 상자를 만든 다음에 Q6~Q10을 선택하여 Factor 2 상자로 보낸다. 같은 방법으로 Q11~Q15 변수를 Factor 3 상자로 보내고, Q16~Q20 변수를 Factor 4 상자로 보낸다).

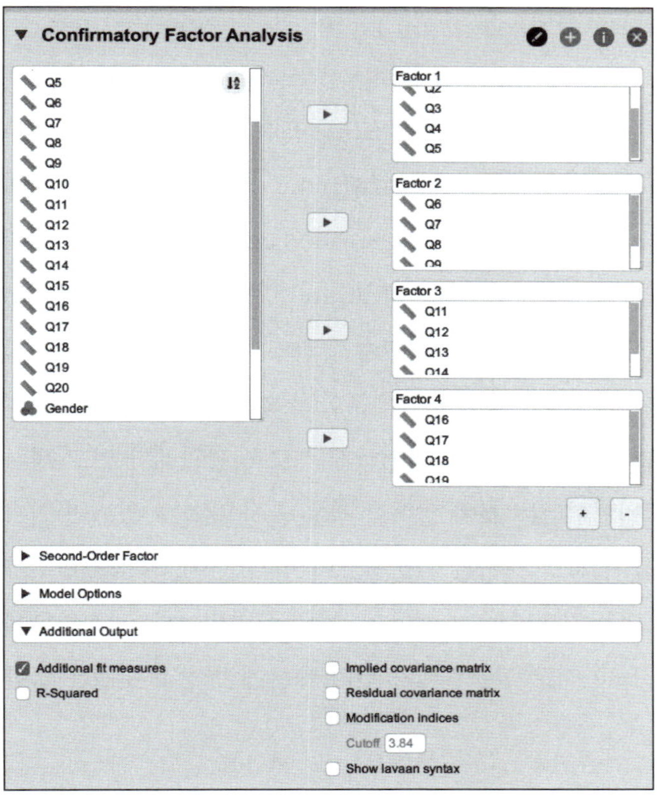

10 척도의 **신뢰도**

연구문제 10

신뢰도 분석

'건강한 자기관리'와 '행복'을 정의하는 문항들은 일관되게 동일하거나 비슷한 개념을 측정하고 있는가?

[연구문제 해결을 위한 통계분석 설명]

[연구문제 10]은 한 요인(factor)을 구성하는 문항(또는 항목)들이 일관되게 동일한 개념을 나타내고 있는 정도를 측정하는 것이다. 요인(factor) 또는 구성개념(construct)은 추상적인 개념을 나타내는 변수로 잠재변수(latent variable)라고 부르며, 문항들은 실제적으로 측정 가능한 값을 나타내는 변수로 명시변수(manifest variable)라고 부른다. 잠재변수와 명시변수의 관계를 나타내는 방법은 반영적(reflective) 방법과 조형적(formative) 방법이 있다. 반영적 방법은 잠재변수로부터 명시변수가 반영되어 나온다는 것을 전제로 설정하는 방법이고, 조형적 방법은 명시변수의 조합에 의해서 잠재변수가 결정된다는 방법이다. 조형적 방법은 명시변수들이 명백하게 서로 상관관계가 없고 명시변수가 잠재변수를 야기하는 원인이라는 것이 명백할 경우에 사용할 수 있는 방법이며, 반영적 방법은 명시변수들이 서로 상관관계가 있으며 명시변수들은 잠재변수가 원인이 되어 실제적으로 측정되는 값일 경우에 사용할 수 있는 방법이다. 사회과학에서는 대부분의 경우 명시변수들이 서로 상관관계가 있기 때문에 반영적 방법을 일반적으로 사용한다.

동일한 요인(factor) 또는 구성개념(construct)으로부터 그 요인을 측정하기 위해서 사용된 문항들의 일관성을 나타내는 값을 신뢰도(reliability) 또는 내적일치도(internal consistency)라고 부르며 이는 Cronbach가 제시한 '신뢰도 계수 Alpha'를 사용한다. Cronbach의 신뢰도 계수 Alpha 값이 0.7 이상이면 신뢰도가 높다고 볼 수 있다.

신뢰도분석을 원할 경우 화면 상단 우측에 있는 ⊞ 아이콘을 클릭하여 Reliability 모듈을 추가하여야 한다.

[JASP 모듈 선택]

통계분석 모듈 중 Reliability 모듈에서 Unidimensional Reliability 방법을 클릭한다.

[JASP 모듈 통계분석 옵션 기능 선택] – 건강한 자기관리 구성 문항에 대한 신뢰도 분석

다음과 같이 설정한다.

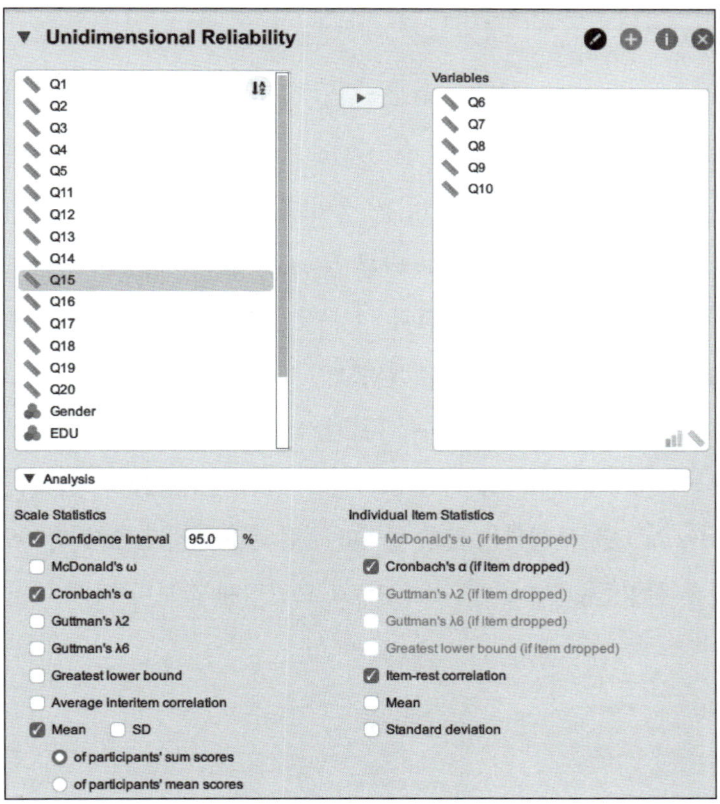

[JASP 분석결과 및 해석] – 건강한 자기관리 요인 구성 문항에 대한 신뢰도 분석

Unidimensional Reliability

Frequentist Scale Reliability Statistics

Estimate	Cronbach's α	mean	sd
Point estimate	0.774	2.972	0.786
95% CI lower bound	0.758	2.937	0.762
95% CI upper bound	0.789	3.007	0.811

Frequentist Individual Item Reliability Statistics

	If item dropped	
Item	Cronbach's α	Item-rest correlation
Q6	0.758	0.471
Q7	0.715	0.596
Q8	0.741	0.520
Q9	0.722	0.577
Q10	0.725	0.579

'건강한 자기관리(BM)'를 정의하는 문항은 Q6, Q7, Q8, Q9, Q10이다. 이들 5개 문항들에 대한 신뢰도 분석을 시행한 결과 신뢰도는 0.774로 나타났다. 또한 Q6 문항을 제거하고 나머지 네 문항으로 '건강한 자기관리'를 정의할 경우 네 문항들 간의 내적일치도(If item dropped Cronbach's α)는 0.758로 다른 문항을 제거할 경우의 신뢰도보다 상대적으로 크게 나타났다. 아울러, 각 문항과 그 문항을 제외한 다른 문항들로 정의된 척도와의 상관계수(item-rest correlation)를 살펴보면 Q6 문항의 경우 0.471로 다른 문항에 비하여 상대적으로 낮게 나타났다. 이 두 가지 결과를 요약하면, Q6 문항은 다른 문항들에 비하여 내적일치도가 떨어진다는 것을 의미한다. 이러한 결과는 [연구문제 9]에서 요인1(Factor 1)을 구성하는 문항 중 Q6 문항의 요인적재 값이 0.409로 요인1을 구성하는 다른 문항들(Q1, Q2, Q3, Q5, Q5)의 요인적재 값보다 작게 나타난 것과 일치되는 결과이다.

[JASP 모듈 통계분석 옵션 기능 선택] – 행복 요인 구성 문항에 대한 신뢰도 분석

다음과 같이 설정한다.

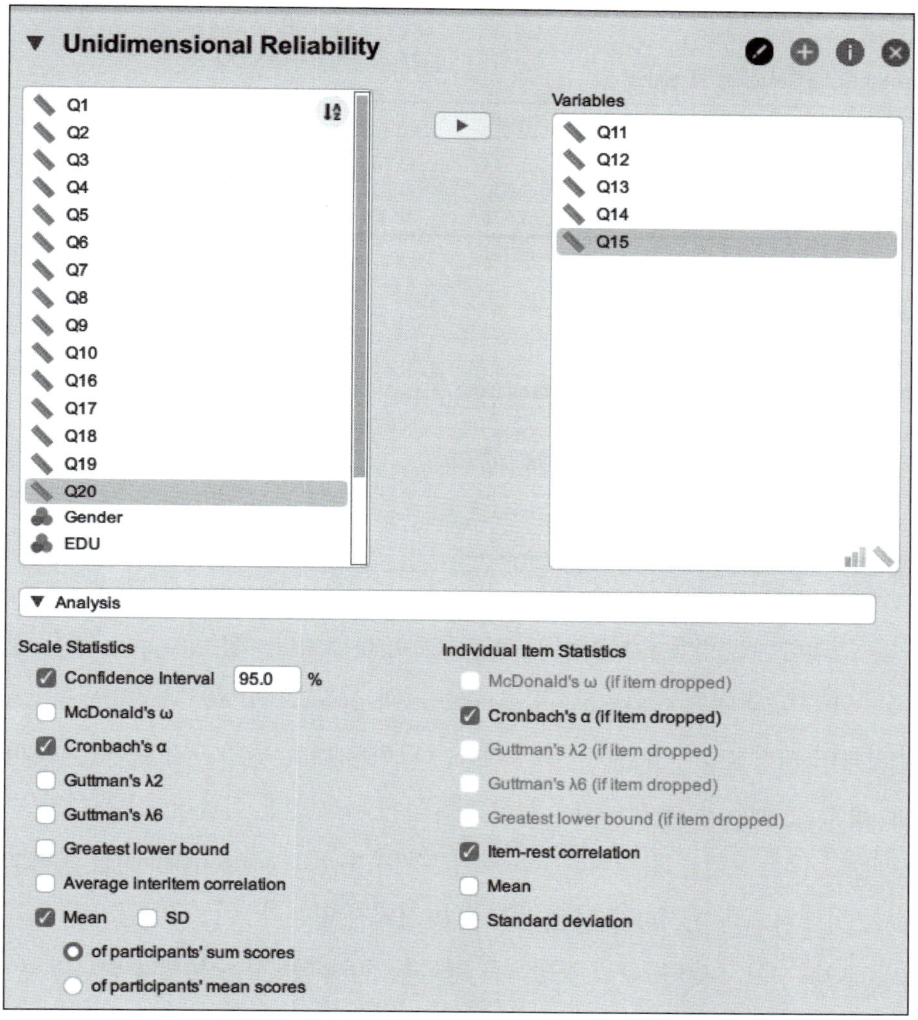

[JASP 분석결과 및 해석] – 행복 요인 구성 문항 신뢰도 분석

Unidimensional Reliability

Frequentist Scale Reliability Statistics

Estimate	Cronbach's α	mean	sd
Point estimate	0.865	3.544	0.760
95% CI lower bound	0.855	3.510	0.737
95% CI upper bound	0.874	3.578	0.785

Frequentist Individual Item Reliability Statistics

	If item dropped	
Item	Cronbach's α	Item-rest correlation
Q11	0.836	0.692
Q12	0.844	0.662
Q13	0.833	0.705
Q14	0.834	0.698
Q15	0.839	0.679

'행복'을 정의하는 문항은 Q11, Q12, Q13, Q14, Q15이다. '행복(Happiness)'을 정의하는 5개의 문항에 대한 신뢰도분석을 시행한 결과 신뢰도는 0.865로 나타났다. 또한 특정 항목이 제거될 경우에 '행복'을 정의하는 나머지 네 항목들 간의 내적일치도(If item dropped Cronbach's α)는 모두 0.8 이상으로 높게 나타났다. 아울러, 각 문항과 그 문항을 제외한 다른 문항들로 정의된 척도와의 상관계수(item-rest correlation)를 살펴보면 그 값이 상대적으로 현저하게 낮은 문항은 발견되지 않는다. 이 둘의 결과를 요약하면, Q11, Q12, Q13, Q14, Q15 문항으로 행복을 정의하는 것은 문제가 없으며, 이 경우 다섯 문항의 내적일치도는 0.865로 높게 나타났다.

11 척도의 **정규성**

연구문제 11 **정규성 검정**

'행복' 척도는 정규분포를 따르는가?

[연구문제 해결을 위한 통계분석 설명]

탐색적 요인분석을 통하여 문항들을 소수의 요인으로 축약한 후에 각 요인에 의해서 반영되는 문항들을 인식한 후 다음 단계의 분석으로 넘어갈 수 있다. 다음 단계에서 할 수 있는 일반적인 분석방법은 다중회귀모형을 이용한 분석과 구조방정식모형을 이용한 분석이 있다. 구조방정식모형을 이용한 분석은 잠재변수(latent variable)인 요인으로부터 반영되어 나오는 문항을 명시변수(manifest variable)로 설정하여 연구자의 연구모형을 구조방정식모형 시스템으로 간주하여 분석하는 방법으로 측정오차(measurement error)가 있다는 것을 수용하면서 여러 개의 다중회귀분석을 동시에 진행하는 방법으로 사회과학분야에서 고급분석을 위한 방법으로 많이 쓰이고 있다. 다중회귀분석을 이용하는 방법은 종속변수의 변동을 설명하기 위하여 유의한 독립변수를 찾아내는 방법이지만 측정오차가 없다는 것을 전제로 하고 있고 독립변수 간의 독립성을 가정하고 있다는 측면에서 해석이 제한적일 수밖에 없지만 전통적으로 많이 사용되어 온 방법이다.

전통적인 통계모형을 이용하여 분석을 실시하기 위해서는 오차항의 정규성 또는 종속변수의 정규성을 가정하는 경우가 많다. 따라서 통계분석을 실시하기 전에 해당 척도의 정규성을 검정하거나 분석 후 오차(error)의 추정치인 잔차(residual)에 대한 정규성을 검정하여 특정 모형을 사용하여 분석한 결과가 그 특정 모형의 적용을 위해서 가정한 오차의 정규성을 위반하지 않았다는 것을 확인하여야 한다.

'행복(Happiness)'은 Q11, Q12, Q13, Q14, Q15 다섯 개의 문항에 대한 평균으로 정의되었다. [연구문제 11]은 명시변수로 정의된 척도 또는 변수가 정규분포를 따르는지를 검정하는 것이다.

[JASP 모듈 통계분석 옵션 기능 선택] – 정규성 검정

다음과 같이 설정한다.

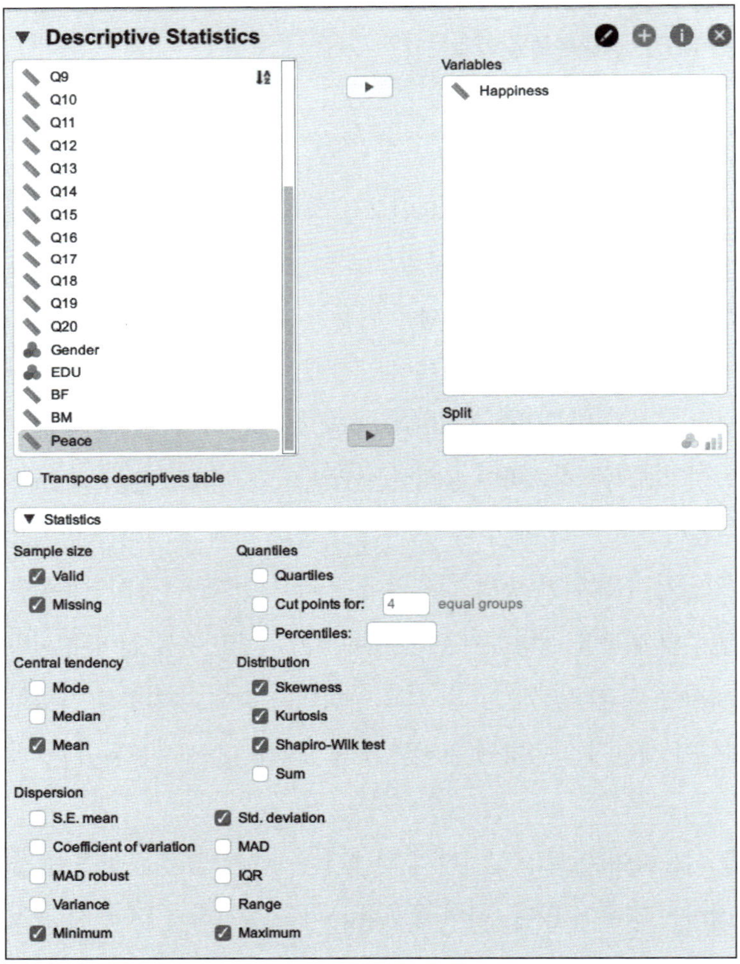

[JASP 분석결과 및 해석]

Descriptive Statistics

Descriptive Statistics

	Happiness
Valid	1946
Missing	0
Mean	3.544
Std. Deviation	0.760
Skewness	−0.413
Std. Error of Skewness	0.055
Kurtosis	−0.088
Std. Error of Kurtosis	0.111
Shapiro-Wilk	0.965
P-value of Shapiro-Wilk	< .001
Minimum	1.000
Maximum	5.000

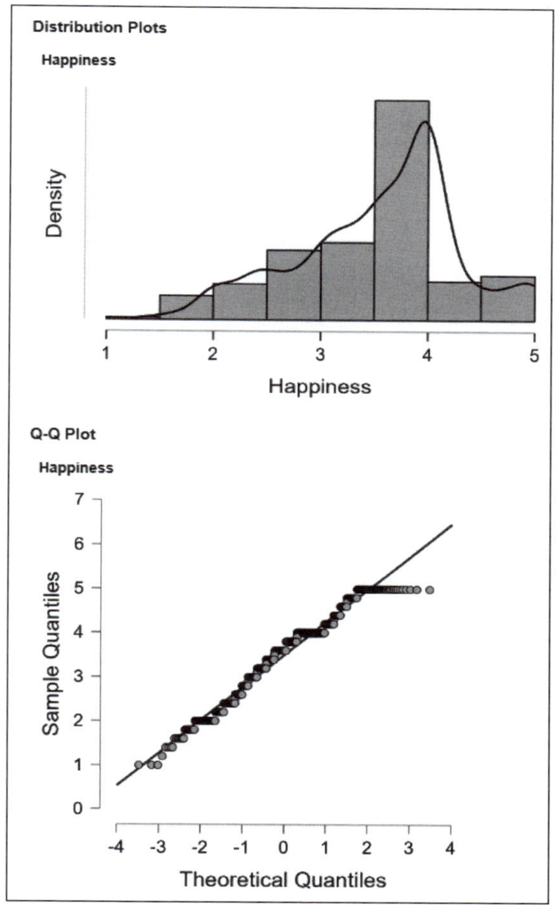

척도에 대한 검정은 일반적으로 표본의 크기가 작은 경우(일반적으로 50 미만)에 권장되며, 표본의 크기가 클 경우 표본평균의 분포는 근사적으로 정규분포를 따르기 때문에 여러 문항으로 구성된 척도를 사용한 분석을 진행할 경우 그 척도의 정규성은 큰

문제가 되지 않는다. 하지만 여기서는 표본의 크기가 작을 경우 척도의 정규성 검정을 필요로 하는 연구자를 위하여 JASP에서 정규성 검정을 시행할 수 있는 방법을 다루기로 한다.

표본의 크기가 작을 경우 JASP에서 제공하는 정규성 검정 방법에 의하여 데이터가 정규분포를 따른다는 귀무가설을 검정하는 방법은 Shapiro-Wilk 검정통계량에 대한 유의확률로 판단하는 것이다. 본 예제에서는 유의확률이 <.001로 나타났다(물론 예제의 경우 표본의 크기가 1,946으로 매우 크기 때문에 유의확률 값에 의존할 필요는 없다). 또 다른 방법은 왜도와 첨도의 Z-값으로 판단하는 방법이다. 왜도와 첨도의 Z-값은 다음과 같은 방법으로 구한다.

$$Z_{\text{Skewness}} = \frac{\text{Skewness}}{\text{Std. Error of Skewness}},\ Z_{\text{Kurtosis}} = \frac{\text{Kurtosis}}{\text{Std. Error of Kurtosis}}$$

왜도와 첨도의 표준화 값(Z)의 절대값이 1.96보다 클 경우 정규분포의 왜도 또는 첨도와 다르다고 판단한다. 본 예제에서는

$$Z_{\text{Skewness}} = \frac{-0.143}{0.055} = -7.51,\ Z_{\text{Kurtosis}} = \frac{-0.088}{0.111} = -0.79$$

이기 때문에 왜도의 경우 정규분포와 다른 특성을 보이고 있으며, 첨도의 경우 정규분포의 특성과 차이가 없는 것으로 나타났다.

표본의 크기가 클 경우에는 왜도와 첨도의 근사적 분포를 토대로 신뢰하한과 신뢰상한을 구할 수 있다(Snedecor & Cochran(1980), Statistical Methods, p492 참조). 왜도는 0을 중심으로 대칭적이며, 첨도의 경우 비대칭적인 분포이지만 표본의 크기가 커짐에 따라서 0을 중심으로 대칭적인 분포로 수렴한다. 표본의 크기와 유의수준에 따른 왜도의 신뢰하한 및 신뢰상한과 첨도의 신뢰하한 및 신뢰상한은 <표 3-12>와 같다.

〈표 3-12〉 표본의 크기에 따른 왜도의 신뢰상한과 첨도의 신뢰하한 및 신뢰상한

n	왜도(skewness)		첨도(kurtosis)			
			하한		상한	
	5%	1%	5%	1%	5%	1%
50	.533	.787	-.85	-1.05	.99	1.88
100	.389	.567	-.65	-.82	.77	1.39
150	.321	.464	-.55	-.71	.65	1.13
200	.280	.403	-.49	-.63	.57	.98
250	.251	.360	-.45	-.58	.52	.87
300	.230	.329	-.41	-.54	.47	.79
350	.213	.305	-.38	-.50	.44	.72
400	.200	.285	-.36	-.48	.41	.67
450	.188	.269	-.34	-.45	.39	.63
500	.179	.255	-.33	-.43	.37	.60

JASP 출력결과에서 제공되는 왜도와 첨도의 표준오차(standard error)를 이용할 수도 있다. 그 방법은 표본으로부터 구한 왜도(또는 첨도)에 표준오차의 1.96배를 더하고 뺀 값이 0을 포함하고 있는지를 토대로, 0을 포함하면 정규분포의 왜도(또는 첨도)와 같은 값을 가지고 있기 때문에 정규분포를 가정할 수 있다는 시각이다.

예제 데이터의 행복 척도에 대한 정규성 검정 결과를 보면, 표본의 크기는 1,946이기 때문에 <표 3-12>에서 표본의 크기가 500인 경우를 보면 된다. 왜도의 95% 신뢰구간은 (-0.179, 0.179)이고, 첨도의 95% 신뢰구간은 (-0.33, 0.37)로 계산된다. JASP 출력결과 행복(Happiness)에 대한 왜도는 -0.413이고 첨도는 -0.088로 계산되기 때문에 왜도의 경우 95% 신뢰구간에 포함되지 않아 정규분포와 다른 형태의 특성을 보이지만, 첨도의 경우 95% 신뢰구간에 포함되어 정규분포의 특성을 보이는 것으로 판단된다. 이는 '행복' 데이터가 비대칭성을 나타내고 있다는 의미이다.

JASP에서 제공하는 Shapiro-Wilk 방법, 왜도와 첨도를 이용하는 방법으로도 정규

성을 통과하지 못하는 경우에 연구자가 취할 수 있는 방법은 제한적이다. 정규성을 통과하지는 못하였다는 것을 분명히 밝히고 연구의 한계로 언급하여야 한다. 대안적으로는 데이터를 함수변환하여 정규분포를 따르도록 변환한 데이터를 이용하거나 비모수적인 방법을 사용할 수 있다. 하지만 앞에서 언급하였듯이 표본의 크기가 클 경우 표본평균의 분포는 근사적으로 정규분포를 따르기 때문에 여러 문항으로 구성된 척도를 사용한 분석을 진행할 경우 그 척도의 정규성은 큰 문제가 되지 않는다.

연속형 종속변수가 정규분포를 따르지 않을 경우 종속변수를 변수 변환하여 정규분포를 따르도록 만드는 대표적인 방법은 박스-칵스 변환(Box-Cox Transformation) 방법이다. 이에 대한 자세한 내용은 이 교재에서는 다루지 않고 있다.

연속형 종속변수에 대한 집단 비교를 위한 비모수적인 방법으로는 둘 이하의 집단 비교를 위한 윌콕슨순위합 검정(Wilcoxon Signed-Rank Test) 방법과 셋 이상의 집단 비교를 위한 크루스칼-왈리스 검정(Kruskal-Wallis Test), 프리드만 검정(Friedman's Test) 방법 등이 있지만 이 또한 이 교재에서는 다루지 않고 있다.

12 동질성 검정과 독립성 검정

여러 집단의 동질성은 일반적으로 적어도 두 가지 측면에서 고려되어야 한다. 우선, 여러 집단을 구성하고 있는 인구사회경제적인 측면에서 동질적이어야 한다. 이는 집단을 구성하고 있는 성별, 연령, 교육수준, 경제수준 등에서 차이가 없어야 한다는 것을 의미한다. 그다음 단계는, 사전검사에서 나타난 변수들(독립변수, 종속변수 등)의 값에서 동질적이어야 한다. 이는 집단 간의 평균은 물론 분산(또는 표준편차) 또한 차이가 없어야 한다는 것을 의미한다.

독립성 검정과 동질성 검정의 일반적인 차이는 표본을 구하는 방법에 따라서 결정이 된다. 일반적으로 연구를 진행하기 위해서 전체 표본의 크기가 정해진 다음 확률표본추출 방법으로 데이터가 수집이 되었을 경우에는 독립성 검정이라고 부르며, 전체 표본의 크기보다는 행 변수(또는 열 변수)의 크기를 정한 다음, 각 행 변수(또는 열 변수)의 각 수준에 해당되는 모집단으로부터 확률표본추출이 진행되었을 경우에는 동질성 검정이라고 부른다. 조사연구에서 동질성/독립성 검정을 사용하는 경우는 모집단으로부터 표본이 편중되지 않고 골고루 추출되었다는 것을 입증하기 위한 방법으로 사용되는 경우가 많으며, 실험연구에서는 실험집단, 비교집단, 통제집단을 구성하고 있는 연구대상의 인구통계적 특성 측면에서 차이가 없다는 것을 입증하여, 공정한 비교가 진행되고 있다고 주장하기 위한 목적으로 사용되는 경우가 많다. 독립성/동질성 검정을 위한 검정통계량은 카이제곱(χ^2) 통계량이다.

실험연구 데이터인 Data2의 경우 각 집단별로 30명씩 배정하여 실험을 진행하였다. 연구자는 동질성 검정을 통하여 집단별 유아의 연령분포가 동질적으로 분포되어 있다는 것을 입증하여, 프로그램 효과 검증을 위한 공정한 비교가 진행되었다고 주장하고자 한다.

연구문제 12 실험집단1, 실험집단2, 통제집단에 배정된 연구대상은 연령 측면에서 공정하게 구성되어 있는가?

[연구문제 12]는 실제적으로 [연구문제 7-1]과 [연구문제 8-1]과 같다. 이와 같은 형태의 연구문제는 실험집단1과 실험집단2에 부과된 특정 프로그램이 효과적인지 여부를 공정하고 객관적으로 입증하기 위하여 첫 번째로 고민하는 문제로 실험이 부과되기 전 실험집단1, 실험집단2, 통제집단에 배정된 연구대상이 본질적으로 차이가 없다는 것을 검증하는 것이다. 우선 실험집단1, 실험집단2, 통제집단의 연령집단(AgeGroup) 구성비가 동질적인지 살펴보기로 하자. 이를 집단의 동질성 검정(homogeneity test)이라고 부른다.

12.1 분할표를 이용한 동질성 검정

실험집단1, 실험집단2, 통제집단이 유아의 연령 측면에서 동질적이라는 주장을 할 경우 프로그램 효과 비교를 위한 집단변수(Group)와 연령에 의한 집단변수(AgeGroup)가 범주형 데이터이기 때문에 분할표를 이용한 카이제곱 검정을 할 수 있다.

[JASP 모듈 선택] – 분할표를 이용한 독립성/동질성 검정

실험연구 데이터(Data2.jasp)를 연 다음 통계분석 모듈 중 Frequencies 모듈에서 Classical 파트에 있는 Contingency Tables 방법을 클릭한다.

[JASP 모듈 통계분석 옵션 기능 선택] – 분할표를 이용한 독립성/동질성 검정

다음과 같이 설정한다.

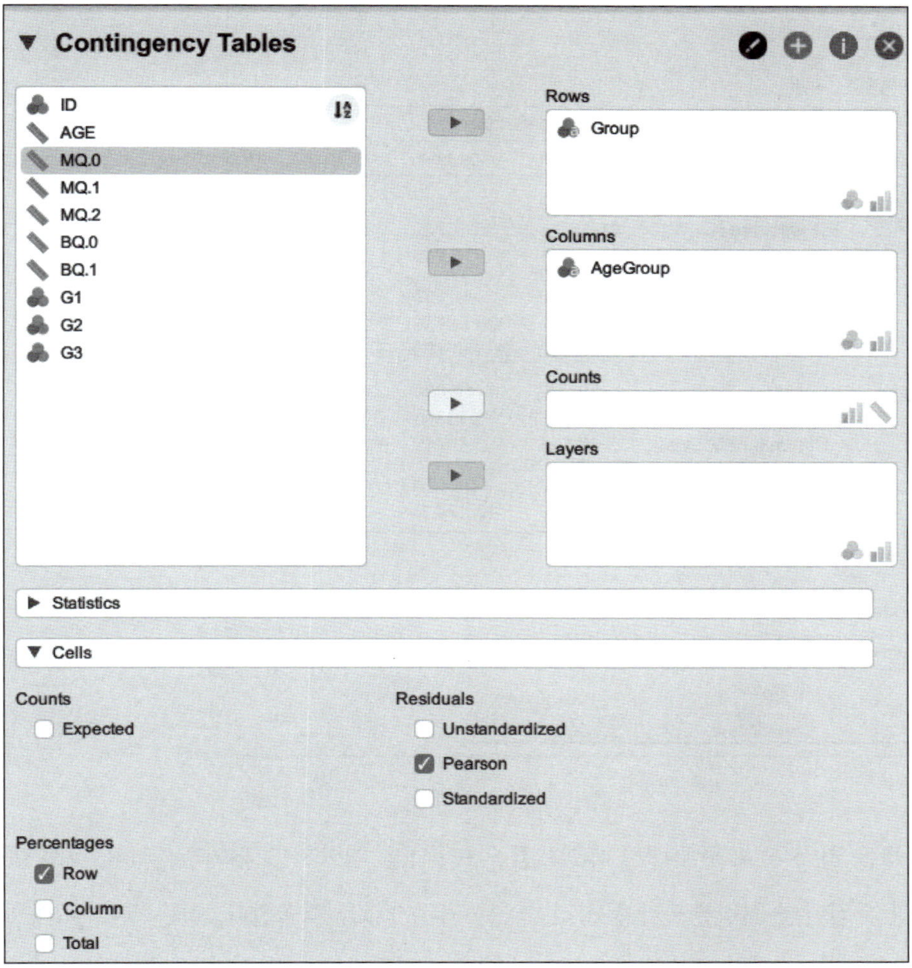

[JASP 분석결과 및 해석]

Contingency Tables

Contingency Tables

Group		AgeGroup		
		Age High	Age Low	Total
Control	Count	13.000	17.000	30.000
	% within row	43.333 %	56.667 %	100.000 %
	Pearson residuals	−1.041	1.218	
Exp I	Count	19.000	11.000	30.000
	% within row	63.333 %	36.667 %	100.000 %
	Pearson residuals	0.400	−0.468	
Exp II	Count	20.000	10.000	30.000
	% within row	66.667 %	33.333 %	100.000 %
	Pearson residuals	0.641	−0.749	
Total	Count	52.000	38.000	90.000
	% within row	57.778 %	42.222 %	100.000 %

Chi-Squared Tests

	Value	df	p
X^2	3.917	2	0.141
N	90		

카이제곱 검정 통계량에 대한 유의확률은 0.141로 일반적인 유의수준 0.05보다 크다. 따라서 집단별 연령분포가 동질적이라는 귀무가설을 채택한다. 이는 생후 66개월 이하인 유아와 66개월 초과된 유아의 비율이 실험집단1, 실험집단2, 통제집단 간에 차이가 발견되지 않는다는 것을 의미한다. 이러한 결과는 연구자가 유아의 연령 분포 측면에서 세 집단은 동질적이라는 주장을 할 경우 그 주장의 근거로 이용될 수 있다.

12.2 분산분석을 이용한 동질성 검정

분할표를 이용한 동질성 검정에서는 세 집단이 유아의 연령 측면에서 동질적이라는 것을 입증하기 위하여 유아를 연령에 따라서 66개월 이하인 집단과 66개월 초과되는 집단으로 양분하였다. 하지만 유아의 경우 동일한 5~6세라고 하더라도 발달 과정이 하루가 다르게 변하기 때문에 66개월을 기준으로 두 집단으로 나누는 것은 무리가 있다. 따라서 실험을 위한 세 집단을 좀 더 공정하게 비교하기 위해서는 유아의 연령(개월) Age를 이용하는 것이 타당하다. 이 경우 유아의 연령(개월)을 연속형 변수로 간주할 수가 있기 때문에, 세 집단의 평균의 동일성 검정을 위해서는 분산분석(analysis of variance)을 하여야 한다.

[JASP 모듈 통계분석 옵션 기능 선택] 다음과 같이 설정한다.

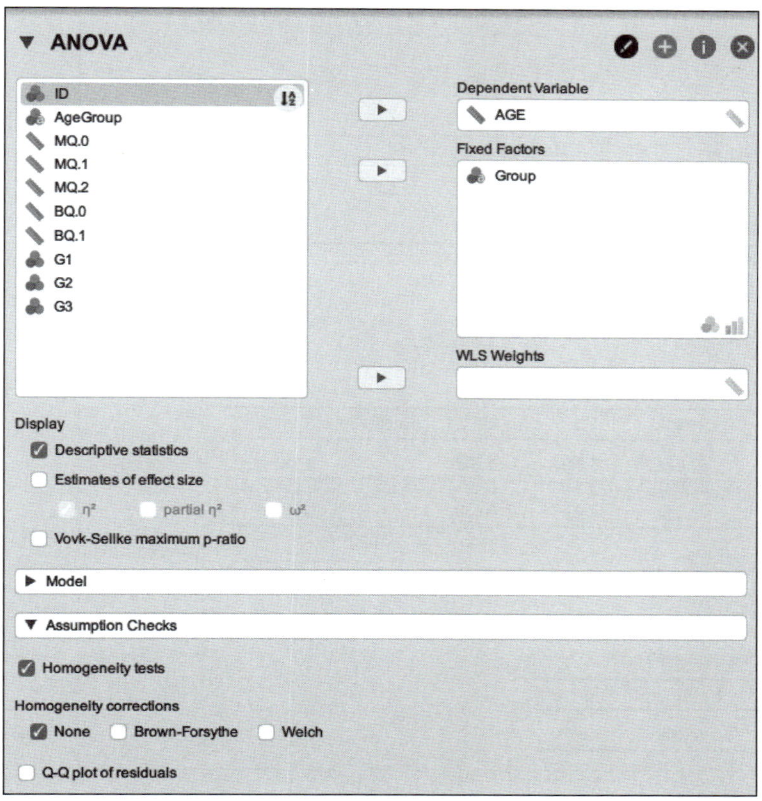

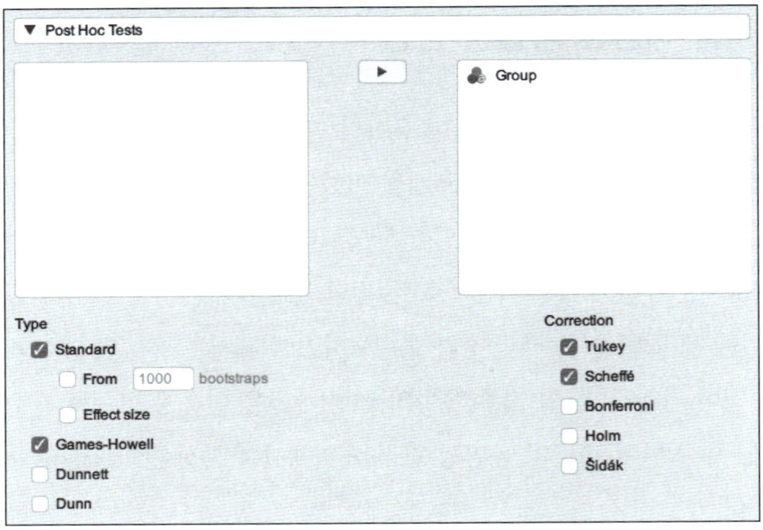

[JASP 분석결과 및 해석]

ANOVA

ANOVA - AGE

Cases	Sum of Squares	df	Mean Square	F	p
Group	631.756	2	315.878	12.889	< .001
Residuals	2132.200	87	24.508		

Note. Type III Sum of Squares

Descriptives

Descriptives - AGE

Group	N	Mean	SD	SE	Coefficient of Variation
Control	30	62.833	7.013	1.280	0.112
Exp I	30	68.567	3.481	0.636	0.051
Exp II	30	68.333	3.497	0.638	0.051

Assumption Checks

Test for Equality of Variances (Levene's)

F	df1	df2	p
19.245	2.000	87.000	< .001

Post Hoc Tests

Standard

Post Hoc Comparisons - Group

		Mean Difference	SE	t	p_{tukey}	$p_{scheffe}$
Control	Exp I	−5.733	1.278	−4.485	< .001	< .001
	Exp II	−5.500	1.278	−4.303	< .001	< .001
Exp I	Exp II	0.233	1.278	0.183	0.982	0.983

Note. P-value adjusted for comparing a family of 3

Games-Howell

Games-Howell Post Hoc Comparisons - Group

Comparison	Mean Difference	SE	t	df	p_{tukey}
Control - Exp I	−5.733	1.429	−4.011	42.472	< .001
Control - Exp II	−5.500	1.431	−3.844	42.584	0.001
Exp I - Exp II	0.233	0.901	0.259	57.999	0.964

Note. Results based on uncorrected means.

세 집단(Group)의 평균연령이 동일하다는 귀무가설에 대한 유의확률은 <.001으로 귀무가설이 기각된다. 따라서 세 집단의 평균연령이 동일하다고는 볼 수 없다. 세 집단의 오차분산이 동일한지에 대한 가설검정 결과를 보면 유의확률이 <.001로 세 집단의 오차분산이 동일하다는 귀무가설이 기각된다. 오차분산이란 종속변수 연령(Age)을 설명하기 위한 설명변수로 집단(Group)이 도입된 일원분산분석 모형의 오차에 대한 분산으로 이는 종속변수 연령의 분산과 같다. 평균의 동일성에 대한 결과와 분산의 동일성에 대한 결과 모두 기각되었기 때문에 세 집단이 연령 측면에서 동질적이라는 주장은 그 근거가 없다고 볼 수 있다.

세 집단의 평균이 동일하다는 귀무가설이 기각되었기 때문에 사후분석을 통하여 그 구체적인 내용을 살펴보아야 한다. 오차분산의 동일성이 기각되어 집단 간 종속변수의 등분산성을 가정할 수가 없기 때문에 등분산을 가정하지 않는 경우의 Games-Howell 결과를 살펴보면, 실험집단1과 실험집단2의 평균의 차이는 0.233(유의확률 0.964)로 나타났다. 이는 실험집단1과 실험집단2는 평균의 차이가 없다는 것을 의미한다. 반면에 통제집단과 실험집단2의 평균의 차이는 −5.5(유의확률 0.001)로 나타났다. 이는 실험집단2의 평균연령이 통제집단의 평균연령보다 높다는 것을 의미한다.

따라서 세 집단은 연령의 평균과 분산의 측면에서 동질적이라고 볼 수 없다. 이러한 결과는 AgeGroup 변수를 이용하여 주장한 집단의 연령분포가 동질적이라는 결과와는 다른 결과이다.

정보적인 측면에서 연령(개월) 변수가 연령집단 변수보다는 좀 더 많은 정보를 포함하고 있으며, 유아의 발달적인 측면에서도 1~2 개월의 차이는 크기 때문에 유아의 연령을 66개월 이하와 66개월 초과로 구분하여 동질성 검정을 하는 것보다는 연령(개월)을 연속형 변수로 간주하여 분산분석을 통한 동질성 검정을 하는 것이 보다 합리적이다. 이에 대한 선택은 연구자의 연구의식에 대한 문제이며, 비합리적인 선택을 할 경우에도 투고하는 학회지의 수준에 따라서 심사의원이 이러한 관점을 지적할 경우 그에 대한 답변 논리는 일천할 것이다.

4장

매개효과 및 조절효과 분석

01 매개효과 분석

매개변수(mediator)란 독립변수가 종속변수에 영향을 미치는 관계에 있어서 중간에서 중계자 역할을 하는 제 삼의 변수이다. 독립변수, 종속변수, 제 삼의 변수의 관계를 나타내면 [그림 4-1]과 같다. 매개변수는 부분매개변수와 완전매개변수가 있다. 독립변수가 종속변수에 직접적으로 영향을 미치면서, 매개변수를 통하여 간접적으로도 영향을 미치는 경우(독립변수가 매개변수에 직접적으로 영향을 미치고, 매개변수가 종속변수에 직접적으로 영향을 미치는 경우)의 매개변수를 부분매개변수라고 부르며, 독립변수가 종속변수에 직접적으로 영향을 미치지는 않지만, 매개변수를 통하여 간접적으로 영향을 미치는 경우(독립변수가 매개변수에 직접적으로 영향을 미치고, 매개변수가 종속변수에 직접적으로 영향을 미치는 경우)의 매개변수를 완전매개변수라고 부른다. 독립변수, 부분매개변수, 종속변수의 관계를 나타내는 모형을 부분매개모형이라고 부르며, 독립변수, 완전매개변수, 종속변수의 관계를 나타내는 모형을 완전매개모형이라고 부른다.

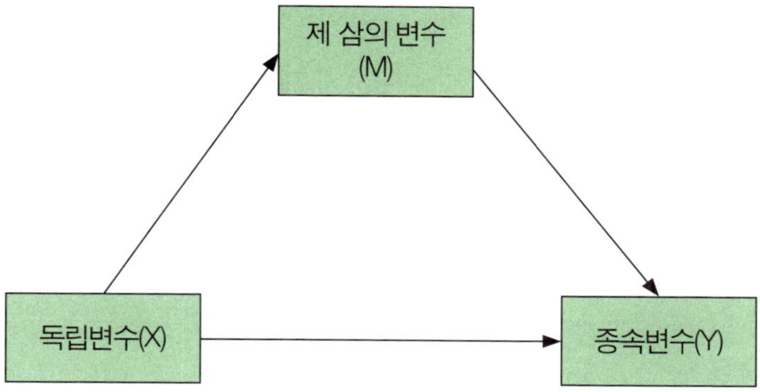

[그림 4-1] 독립변수, 종속변수, 매개변수의 관계

1.1 Baron & Kenny 방법에 의한 매개효과 검증 방법

독립변수(X)와 종속변수(Y)의 관계에 있어서 제 삼의 변수(M)가 매개변수로 인정받기 위해서는 완전매개변수 또는 부분매개변수 여부에 관계없이 독립변수가 제 삼의 변수(M)에 영향을 미치는 경우에만 가능하다. 매개효과를 분석하는 일반적인 방법은 세 가지 단계로 구성된 Baron & Kenny 방법이다. Baron & Kenny 방법의 첫 단계에서 검증하여야 할 사항은 독립변수가 제 삼의 변수(M)에 미치는 영향의 유의성($M = f_1 + a \cdot X + \varepsilon$ 에서 a의 유의성)이고, 두 번째 단계에서는 독립변수가 종속변수에 미치는 영향의 유의성($Y = f_2 + b \cdot X + \varepsilon$ 에서 b의 유의성)이다. 개념적으로 이러한 두 단계는 순서를 바꾸어서 진행하여도 무방하다. 세 번째 단계에서는 독립변수와 제 삼의 변수(M)를 설명변수(explanatory variable)로 설정하고, 종속변수를 반응변수(response variable)로 설정한 다중회귀모형(multiple regression model, $Y = f_3 + c \cdot M + d \cdot X + \varepsilon$)에 대한 분석을 통하여 독립변수와 제 삼의 변수(M)가 종속변수에 미치는 영향력의 유의성이 두 번째 단계와 비교해서 어떻게 변하는지를 살펴보아야 한다. 이 세 번째 단계에서의 유의성 결과는 세 가지 경우가 가능하다. 그 세 가지 경우는 1) 독립변수(X)와 제 삼의 변수(M) 모두 종속변수(Y)에 미치는 영향력이 유의하게 나타나는 경우, 2) 독립변수(X)가 종속변수(Y)에 미치는 영향력만이 유의하게 나타나는 경우, 3) 제 삼의 변수(M)가 종속변수(Y)에 미치는 영향력만이 유의하게 나타나는 경우이다. 여기서, 2)

독립변수가 종속변수에 미치는 영향력만이 유의하게 나타나는 경우에는 제 삼의 변수(M)가 종속변수에 미치는 영향력이 없기 때문에 제 삼의 변수(M)를 매개변수로 볼 수 없는 경우이고, 1)의 경우는 독립변수와 종속변수의 관계에서 독립변수가 종속변수에 직접적인 영향을 미치는 것과 더불어 제 삼의 변수(M)를 통하여 종속변수에 간접적으로 영향을 미치고 있기 때문에 이 제 삼의 변수(M)는 부분매개변수 역할을 하는 부분매개모형(partial mediation model)을 나타내는 경우이며, 3)의 경우는 독립변수와 종속변수의 관계에서 제 삼의 변수(M)의 도입으로 독립변수가 종속변수에 미치는 영향이 없어지고 독립변수가 종속변수에 미치는 영향은 오직 제 삼의 변수(M)를 통하여 간접적으로만 가능하기 때문에 제 삼의 변수(M)가 독립변수와 종속변수의 관계에서 완전매개변수 역할을 하는 완전매개모형(full mediation model)을 나타내는 경우이다. 이를 정리하면 <표 4-1>과 같다.

〈표 4-1〉 매개효과 검증을 위한 Baron & Kenny 방법: 3단계

단계	통계모형	분석방법	매개변수의 조건
1	$M = f_1 + a \cdot X + \varepsilon$	단순선형회귀분석	a의 유의성
2	$Y = f_2 + b \cdot X + \varepsilon$	단순선형회귀분석	b의 유의성
3	$Y = f_3 + c \cdot M + d \cdot X + \varepsilon$	다중선형회귀분석	c, d 모두 유의한 경우: 부분매개모형
			c만 유의한 경우: 완전매개모형
			d만 유의한 경우: 매개모형이 아님

매개효과를 검증하기 위한 독립변수와 종속변수의 단순선형회귀모형($Y = f_2 + b \cdot X + \varepsilon$)을 그림으로 표현하면 [그림 4-2]와 같다. 그림에서 절편이 표현되지 않은 이유는 매개효과 검증을 위해서 필요한 회귀계수는 기울기를 나타내는 b가 중요한 정보이기 때문이다. 이 기울기 b는 독립변수가 종속변수에 미치는 영향력의 크기로 직접효과(direct effect)라고 부른다.

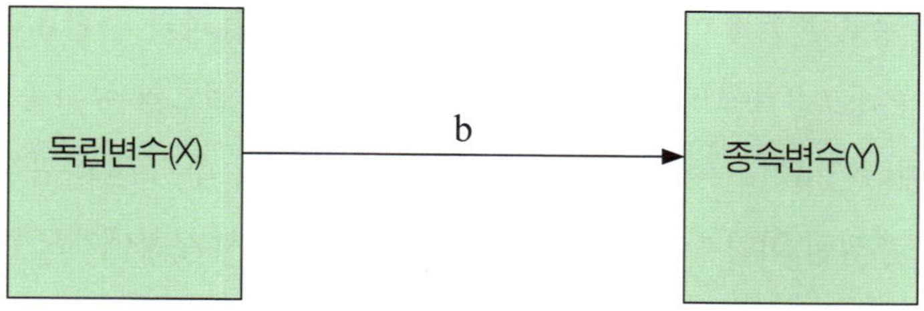

[그림 4-2] 단순선형회귀모형: 독립변수의 직접효과

[그림 4-1]과 같이 우리가 일반적으로 다루고 있는 모형인 독립변수와 종속변수의 관계에 대한 선형모형의 경우, 독립변수가 종속변수에 미치는 영향력의 크기는 독립변수가 직접적으로 종속변수에 미치는 영향력의 크기인 직접효과(direct effect)와 독립변수가 매개변수를 통하여 간접적으로 종속변수에 미치는 영향력의 크기인 간접효과(indirect effect)로 구분이 되며, 이 두 효과의 합을 총 효과(total effect)라고 부른다. 직접효과와 간접효과의 크기는 완전매개모형(perfect mediation model)이냐 부분매개모형(partial mediation model)이냐에 따라서 다르게 나타난다.

독립변수가 종속변수에 미치는 영향인 총 효과가 간접효과로만 이루어진 완전매개모형은 [그림 4-3]과 같다. 완전매개모형에서 직접효과는 0이고, 간접효과는 두 개의 단순선형회귀모형에서 추정된 회귀계수 a와 c의 곱인 a·c와 같다. 따라서 완전매개모형에서 총 효과는 a·c이다.

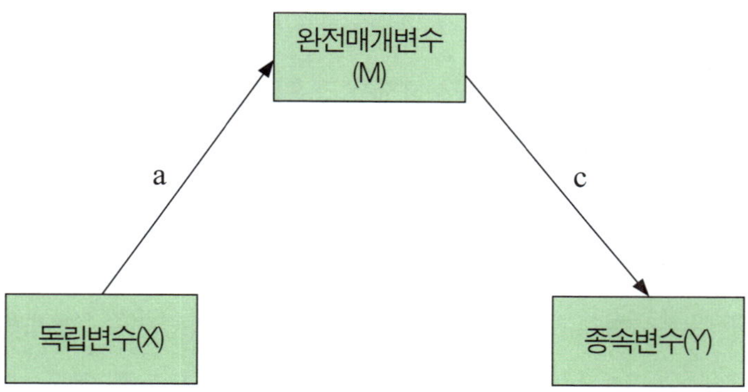

[그림 4-3] 완전매개모형

독립변수가 종속변수에 미치는 영향인 총 효과가 직접효과와 간접효과로 이루어진 부분매개모형은 [그림 4-4]와 같다. 부분매개모형에서 직접효과는 다중회귀모형에서 추정된 회귀계수인 d이고, 간접효과는 단순회귀모형에서 추정된 회귀계수 a와 다중회귀모형에서 추정된 회귀계수 c의 곱인 a ·c와 같다. 따라서 부분매개모형의 총 효과는 d+a ·c인 관계가 성립된다. 여기서 완전매개모형에서의 c값과 부분매개모형에서의 c값은 설명의 편의를 위해서 동일한 기호로 나타내고 있지만 일반적으로 서로 다른 값이다.

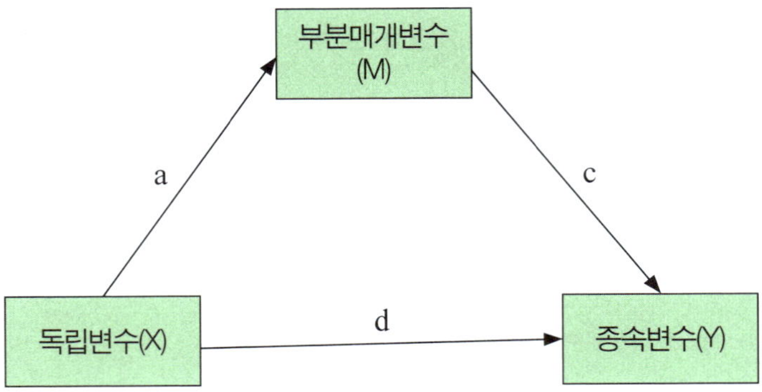

[그림 4-4] 부분매개모형

매개효과를 검증한다는 것은 그 모형의 종류에 관계없이 간접효과 a·c의 통계적인 유의성을 검정한다는 것이며, 이는 추정된 회귀계수의 근사적 다변량 정규분포에 바탕을 둔 Sobel 검정을 사용한다. 추정된 간접효과 a·c(회귀모형에서 회귀계수는 추정을 하여야 할 모수(parameter)이고, 이를 추정한 회귀계수 값은 통계량으로 확률변수이다. 이 교재에서는 설명의 편의를 위해서 모수와 통계량을 구분하지 않고 혼용하고 있다)는 이론적으로 정규분포를 따르며, 그에 대한 표준오차(standard error)는 $\sqrt{c^2s_a^2 + a^2s_c^2 + s_a^2s_c^2} \simeq \sqrt{c^2s_a^2 + a^2s_c^2}$ 으로 계산된다. 여기서, s_a은 독립변수와 매개변수에 대한 단순선형회귀모형($M = f_1 + a \cdot X + \varepsilon$)으로부터 구한 비표준화 계수 a의 표준오차이고, s_c은 매개변수와 종속변수에 대한 단순선형회귀모형($Y = f_3 + c \cdot M + \varepsilon$) 또는 독립변수, 매개변수와 종속변수에 다중회귀모형($Y = f_3 + c \cdot M + d \cdot X + \varepsilon$)으로부터 구한 비표준화 계수 c의 표준오차이다. 일반적으로 $s_a^2 s_c^2$의 값은 상대적으로 매우 작은 값이기 때문에 계산하지 않고 무시되는 경우가 많다. 하지만 그 값이 상대적으로 무시할 정도가 아니라면 반드시 정확한 계산방법으로 하는 것이 좋을 것이다. 결론적으로 간접효과 a·c의 통계적인 유의성 검정의 일반적인 방법은 다음과 같다.

1) 귀무가설: 매개효과가 없다 (H_0: a·c = 0)

2) 귀무가설에서의 검정통계량의 값 Z_0를 구한다.

$$Z_0 = \frac{a \cdot c}{\sqrt{c^2 s_a^2 + a^2 s_c^2}}$$

3) Z_0 |>1.96이면, 귀무가설을 기각하여 매개효과에 대한 증거가 있다고 판단한다.

Z_0 |<1.96이면, 귀무가설을 채택하여 매개효과에 대한 증거가 없다고 판단한다.

연구문제 13 **매개효과 분석**

건강한 자기관리가 평화에 영향을 미치는 관계에서 행복이 매개변수 역할을 하는가?

[건강한 자기관리와 평화의 관계 – 행복의 매개효과]

예제 데이터 I(Data1Core.jasp)에서 건강한 자기관리(BM)가 평화(Peace)에 영향을 미치는 관계에서 행복(Happiness)의 매개효과 검증을 위한 Baron & Kenny 방법의 3단계 모형은 다음과 같다.

1단계: 건강한 자기관리와 행복의 단순회귀모형(Happiness = f_1+a·BM+ ε)

2단계: 건강한 자기관리와 평화의 단순회귀모형(Peace = f_2+b·BM+ ε)

3단계: 행복과 건강한 자기관리를 설명변수로 하는 평화에 대한 다중회귀모형

(Peace = f_3+c·Happiness+d·BM+ ε)

매개효과와 조절효과 분석에 대한 설명을 위해서는 <표 2-1>과 <표 2-2>에서 제시한 변수 중 건강한 몸의 느낌, 건강한 자기관리, 행복, 평화, 성별, 교육정도를 포함하고 있는 파일(Data1Core)을 사용하기로 한다. JASP 시작화면에서 'Data1Core.jasp' 파

일을 연다.

매개효과 분석을 원할 경우 Linear Regression 방법을 세 번 이용할 수 있지만 초급자가 따라 하기에는 어려운 점이 있다. JASP에서는 매개효과 분석을 위한 쉬운 방법을 제공하고 있다. 우선적으로 매개효과 분석을 원할 경우 화면 상단 우측에 있는 ⊞ 아이콘을 클릭하여 SEM 모듈을 추가하여야 한다.

[JASP 모듈 선택]

통계분석 모듈 중 SEM 모듈에서 Mediation Analysis 방법을 클릭한다.

[JASP 모듈 통계분석 옵션 기능 선택] 다음과 같이 설정한다.

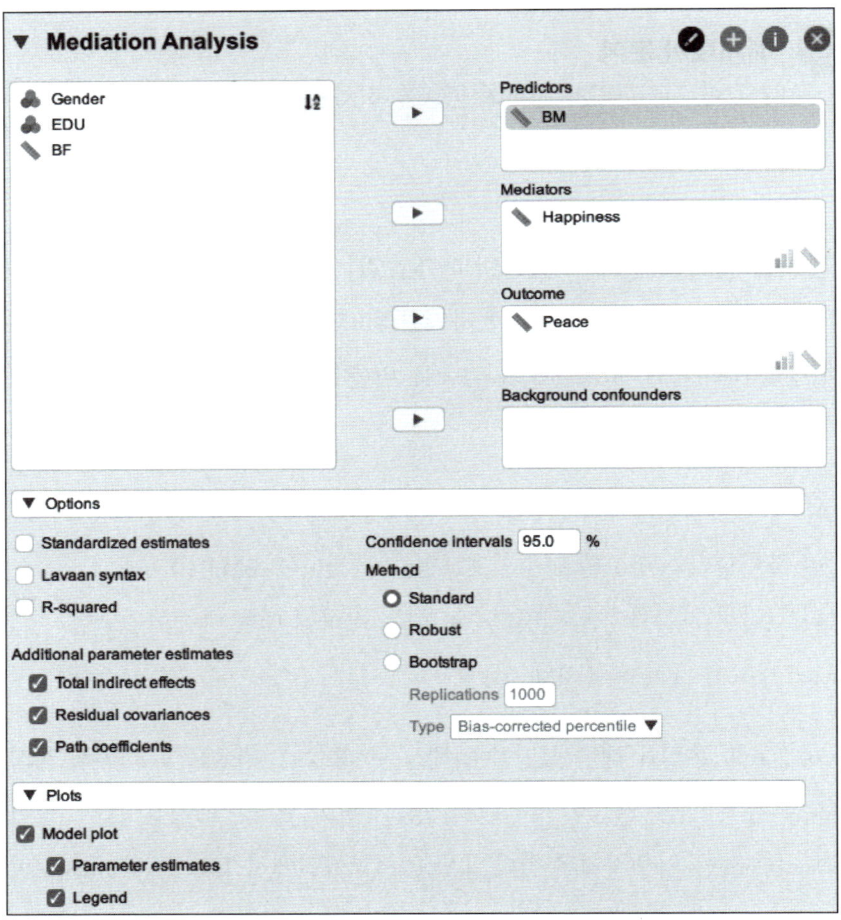

[JASP 분석결과 및 해석]

Mediation Analysis

Parameter estimates

Direct effects

			Estimate	Std. Error	z-value	p	95% Confidence Interval Lower	Upper
BM	→	Peace	0.082	0.019	4.336	< .001	0.045	0.118

Note. Delta method standard errors, normal theory confidence intervals, ML estimator.

Indirect effects

					Estimate	Std. Error	z-value	p	95% Confidence Interval Lower	Upper
BM	→	Happiness	→	Peace	0.226	0.013	17.499	< .001	0.200	0.251

Note. Delta method standard errors, normal theory confidence intervals, ML estimator.

Total effects

			Estimate	Std. Error	z-value	p	95% Confidence Interval Lower	Upper
BM	→	Peace	0.307	0.018	16.928	< .001	0.272	0.343

Note. Delta method standard errors, normal theory confidence intervals, ML estimator.

Path coefficients

			Estimate	Std. Error	z-value	p	95% Confidence Interval Lower	Upper
Happiness	→	Peace	0.450	0.019	23.103	< .001	0.411	0.488
BM	→	Peace	0.082	0.019	4.336	< .001	0.045	0.118
BM	→	Happiness	0.502	0.019	26.802	< .001	0.466	0.539

Note. Delta method standard errors, normal theory confidence intervals, ML estimator.

1단계 건강한 자기관리와 행복의 단순회귀모형(Happiness = f_1+a·BM+ ε)

경로계수(Path coefficients)를 살펴보면 건강한 자기관리(BM)를 설명변수로 하는 행복(Happiness)에 대한 단순선형회귀모형의 경로계수(비표준화 계수 B)의 추정 값(Estimate)은 0.502이고, 그에 대한 표준오차(Std. Error)는 0.019이며, 유의확률은 <.001로 경로계수의 유의성이 있다는 것을 알 수 있다.

2단계 건강한 자기관리와 평화의 단순회귀모형(Peace = f_2+b·BM+ε)

건강한 자기관리(BM)를 설명변수로 하는 평화(Peace)에 대한 단순선형회귀모형의 경로계수(비표준화 계수 B)의 추정 값(Estimate)은 독립변수가 종속변수에 미치는 전체 효과(Total effects)를 살펴보아야 한다. 전체 효과(Total effects)를 살펴보면 건강한 자기관리(BM)를 설명변수로 하는 평화(Peace)에 대한 단순선형회귀모형의 경로계수(비표준화 계수 B)의 추정 값(Estimate)은 0.307이고, 그에 대한 표준오차(Std. Error)는 0.018이며, 유의확률은 <.001로 경로계수의 유의성이 있다는 것을 알 수 있다. 여기서 매개효과 분석의 궁극적 목적이 독립변수와 종속변수의 관계에서 매개변수가 완전매개변수 역할을 하는지 또는 부분매개변수 역할을 하는지를 판단하는 것이라는 것을 상기할 필요가 있다. 2단계는 제 삼의 변수인 매개변수가 투입되기 전에 독립변수와 종속변수 간의 관계를 분석하는 단계이다.

3단계 행복과 건강한 자기관리를 설명변수로 하는 평화에 대한 다중회귀모형 ($Peace = f_3 + c \cdot Happiness + d \cdot BM + \varepsilon$)

행복(Happiness)과 건강한 자기관리(BM)를 설명변수로 하는 평화(Peace)에 대한 다중선형회귀모형에 대한 결과는 경로계수(Path coefficients)를 보면 된다. 회귀계수 c에 대한 추정 값은 0.450이고, 그에 대한 표준오차는 0.019로 나타났으며, 회귀계수 d에 대한 추정 값은 0.082이고, 그에 대한 표준오차는 0.019로 나타났다.

매개효과 검증을 위한 세 가지 단계의 회귀분석 결과들을 정리하면 <표 4-2>와 같다.

〈표 4-2〉 건강한 자기관리와 평화의 관계 – 행복의 매개효과

단계	모형	회귀계수 (비표준화 계수) B		표준오차	
1	BM → Happiness	a	0.502	s_a	0.019
2	BM → Peace	b	0.307	s_b	0.018
3	(Happiness, BM) → Peace	c	0.450	s_c	0.019
		d	0.082	s_d	0.019

<표 4-2>를 살펴보면, 독립변수인 건강한 자기관리(BM)가 종속변수인 평화(Peace)에 미치는 총 효과(Total effects)는 $b = 0.307$이고, 이 총 효과는 건강한 자기관리(BM)가 평화(Peace)에 직접적으로 영향을 미치는 직접효과(Direct effects)인 $d = 0.082$와 매개변수 행복(Happiness)을 매개로 하여 간접적으로 영향을 미치는 간접효과(Indirect effects)인 $a \cdot c = 0.502 \times 0.450 = 0.226$으로 분해되는 것을 확인할 수 있다.

다음 단계로, 건강한 자기관리가 평화에 미치는 간접효과의 유의성을 살펴보기 위한 검정통계량 Z_0을 다음과 같이 구할 수 있다.

$$Z_0 = \frac{a \cdot c}{\sqrt{c^2 s_a^2 + a^2 s_c^2}} = \frac{0.502 \times 0.45}{\sqrt{0.45^2 \times 0.019^2 + 0.502^2 \times 0.019^2}} = 17.499$$

검정통계량 Z_0의 값이 17.5로 1.96보다 매우 크기 때문에, 매개효과가 없다는 귀무가설은 기각이 된다. 따라서 건강한 자기관리와 평화의 관계에서 행복은 부분매개변수 역할을 한다는 것이 입증되었다.

독립변수인 건강한 자기관리(BM)와 종속변수인 평화(Peace)의 관계에서 행복(Happiness)의 매개변수 역할을 검증한 결과 행복은 부분매개변수 역할을 하는 것으로 나타났다. 이러한 관계를 그림으로 나타내면 다음과 같다.

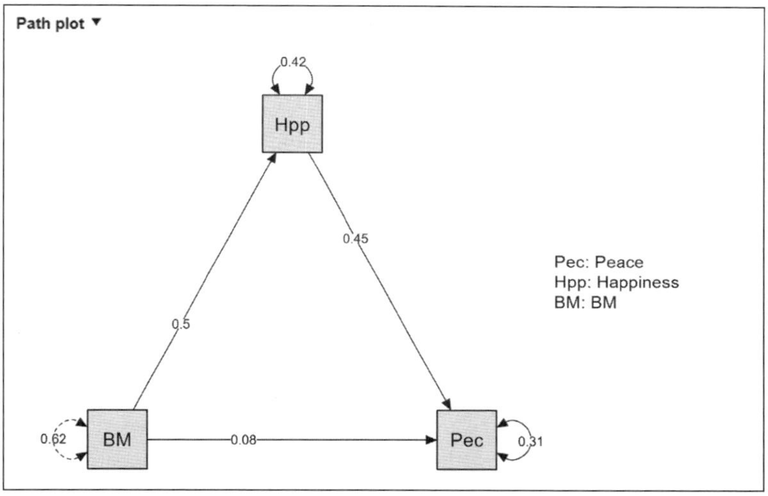

매개효과 검정을 위한 비표준화계수(B)와 표준화계수(β)의 사용

Note

매개효과 모형에서 종속변수는 연속형 변수이지만, 독립변수와 매개변수는 명목형 변수 또는 순서형 변수인 경우도 있다. 일반적으로 매개효과 검정을 위한 Sobel 검정에서 사용되는 회귀계수 a와 c, 그에 대한 표준오차 s_a와 s_c는 비표준화계수(B)를 사용한다. 하지만 독립변수와 매개변수 모두 연속형 변수일 경우, 척도의 범위가 서로 달라서 연구자에 따라서는 표준화된 변수로 분석하기를 원하는 경우도 있다. 이 경우 표준화계수(β)를 사용할 수도 있다. 하지만 명목형 변수와 순서형 변수에 대한 표준화계수에 대한 해석은 무의미하다.

02 조절효과 분석

독립변수와 종속변수의 관계가 제 삼의 변수의 값 또는 수준에 따라서 다르게 나타나는 경우도 있다. 예를 들어, 자녀의 성적이 아버지의 행복에 긍정적인 영향을 미치지만, 아들의 경우보다 딸의 경우 더 큰 영향을 미치는 것으로 나타날 경우, 자녀의 성적과 아버지의 행복의 관계는 자녀의 성별에 따라서 그 함수관계가 다르게 나타나고, 이와 같이 그 변수의 값 또는 수준이 독립변수와 종속변수의 관계에 영향을 미치는 제 삼의 변수를 조절변수(moderating variable, moderator)라고 부른다.

독립변수(X)와 종속변수(Y)의 관계가 조절변수(R)의 수준에 따라서 다르게 나타나는 것을 통계모형으로 검증하기 위해서는 반응변수인 종속변수를 설명하기 위한 설명변수로 독립변수, 조절변수, 독립변수와 조절변수의 곱인 상호작용 항(interaction term)을 도입하며, 그 모형은 다음과 같이 표기할 수 있다.

$$Y = \alpha + \beta_1 X + \beta_2 R + \beta_3 X \cdot R + \varepsilon$$

여기서, 일반적으로 독립변수와 종속변수는 연속형 변수이지만, 조절변수는 집단을 나타내는 범주형(categorical) 변수와 연속형 변수 모두 가능하다. 학위논문을 포함한 일반적인 학술논문에서 사용되는 조절변수의 데이터 형태는 세 가지 경우로 볼 수 있다. 그 경우는 첫째, 두 집단을 나타내는 더미변수(dummy variable)인 경우, 둘째, 여러 집단을 나타내는 범주형 변수(categorical variable)인 경우, 셋째, 연속형 변수(continuous variable)인 경우이다.

독립변수(X)와 종속변수(Y)의 관계가 조절변수(R)의 수준에 따라서 다르게 나타난다는 의미는 세 가지로 볼 수 있다. 첫째, 절편(intercept)만 다른 경우, 둘째, 기울기(slope)만 다른 경우, 셋째, 절편과 기울기 모두 다른 경우이다. 절편만 다른 경우는 위의 조절변수 모형에서 상호작용이 없는 모형($\beta_3=0$)이다. 기울기만 다른 경우는 위의 조절변수 모형에서 조절변수에 대한 회귀계수가 0인 모형($\beta_2=0$)이다. 일반적으로 독립변수와 종속변수의 관계에서 조절효과가 있다는 말은 독립변수가 종속변수에 미치는 영향력이 조절변수의 수준에 따라서 다르게 나타난다는 것과 동일한 의미로 사용된다. 이는 앞의 세 가지 경우에서 기울기만 다르게 나타나는 경우와 절편과 기울기 모두 다르게 나타나는 경우 모두 조절효과가 있다는 것을 의미하는 것으로, 조절효과 검증에서 중요한 관심 사항은 독립변수와 조절변수 사이의 상호작용 항이 필요한지 여부로 회귀계수 β_3가 0이라는 귀무가설($H_0 : \beta_3=0$)을 검정하는 것과 같다.

2.1 더미변수 형태의 조절변수

조절변수의 가능한 수준이 두 가지인 경우에 조절변수의 값은 0 또는 1을 갖는 더미변수 형태로 정의할 수가 있다. 더미변수 형태의 조절변수의 대표적인 예는 성별이다. 기준이 되는 성별에 대한 조절변수의 값을 0으로 설정하고, 비교 대상이 되는 성별을 1로 설정한다. 예를 들어, 기준이 되는 성별을 여성으로 설정하고 남성을 비교하고자 할 경우 조절변수 R의 값을 다음과 같이 정의한다.

$$R = \begin{cases} 1, \text{ 성별이 남성인 경우} \\ 0, \text{ 성별이 여성인 경우} \end{cases}$$

따라서 조절효과 모형($Y=\alpha+\beta_1X+\beta_2R+\beta_3X\cdot R+\varepsilon$)은 성별에 따라서 독립변수와 종속변수의 선형적인 관계식이 다르게 표현된다. 우선, 성별이 여성인 경우($R=0$)에 조절효과 모형은

$$Y=\alpha+\beta_1X+\varepsilon$$

으로 단순선형회귀모형이 되고, 성별이 남성인 경우(R=1)에 조절효과 모형은

$$Y=(\alpha+\beta_2)+(\beta_1+\beta_3)X+\varepsilon$$

으로 여성인 경우의 단순선형회귀모형의 Y-절편(intercept)과 기울기(slope)와 모두 다르게 표현된다. 여성에 대한 회귀모형의 회귀계수 α, β_1의 추정 값인 a, b1가 모두 양수라고 가정할 경우 β_2와 β_3의 추정 값인 b2, b3의 크기에 따라서 조절효과를 상징적으로 나타내는 그림은 [그림 4-5], [그림 4-6]과 같다.

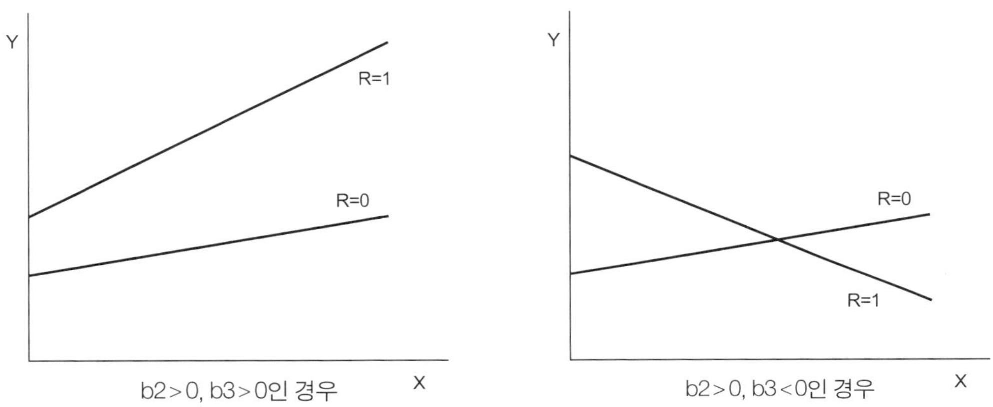

[그림 4-5] a, b1, b2가 양수인 경우의 조절효과 모형

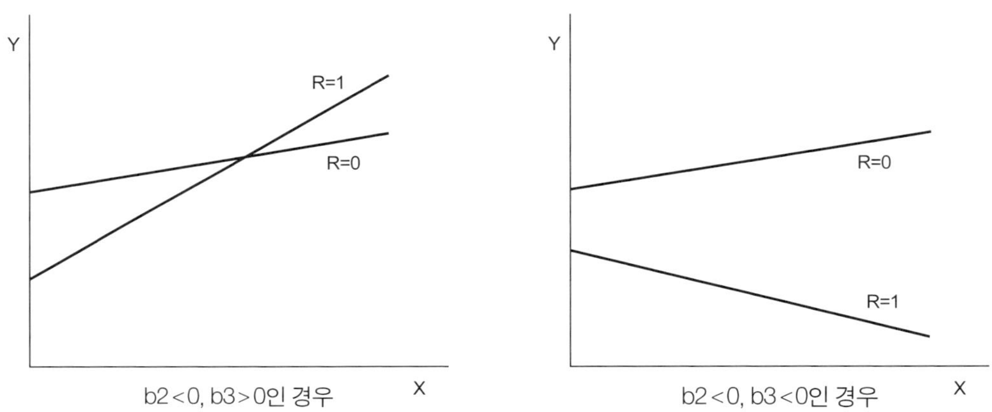

[그림 4-6] a, b1는 양수, b2는 음수인 경우의 조절효과 모형

[예제] 척도형 더미변수 형태의 조절변수

연구문제 14 **성별의 조절효과 분석**

건강한 자기관리가 평화에 영향을 미치는 관계에서 성별이 조절변수 역할을 하는가?

예제 데이터1(Data1Core.jasp)을 이용하여 건강한 자기관리(BM)와 평화(Happiness)의 관계에서 성별(Gender)의 조절효과를 검정하고자 한다. 이러한 형태는 [연구문제 6-1]과 [연구문제 6-2]에서 이미 살펴보았다. 하지만 [연구문제 6-1]과 [연구문제 6-2]에 대한 분석에서는 성별(Gender)이 명목형(Nominal)으로 지정된 변수를 이용하여 분석하였다. 더미변수를 명목형 변수로 지정하여 분석을 할 수도 있지만 여러 가지 측면에서 연속형 척도(Scale)로 지정하는 것이 편리하다. 여기서는 성별을 나타내는 변수를 연속형 척도 형태로 설정하여 분석하는 방법을 다루고자 한다. 우선 명목형 변수인 성별(Gender)을 척도 형태의 더미변수인 성별(Gender_D) 변수를 정의하여야 하며 그 방법은 다음과 같다.

[JASP 데이터 스프레드시트에서 더미변수 생성하기]

1. 데이터 스프레드시트에서 새로운 변수를 정의하기 위한 아이콘(+)을 클릭한 후 다음과 같이 입력한 다음 [Create Column] 버튼을 클릭한다.

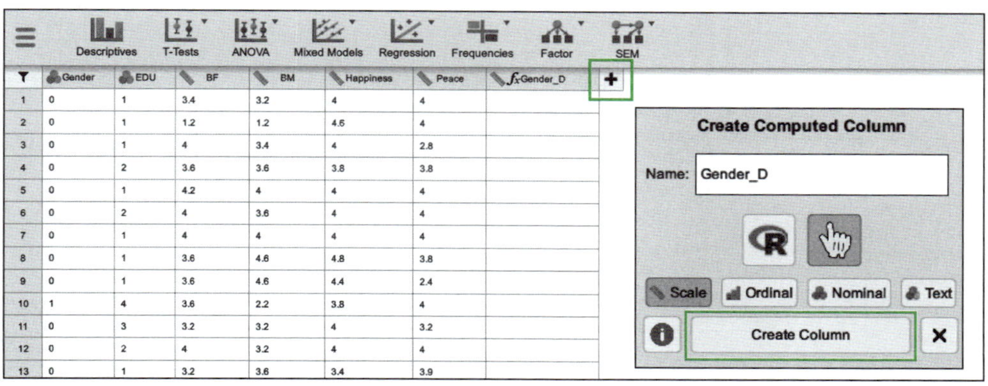

2. Computed Column: Gender_D 화면 우측에 있는 함수 박스를 스크롤하여 ifElse(y) 함수를 클릭한다.

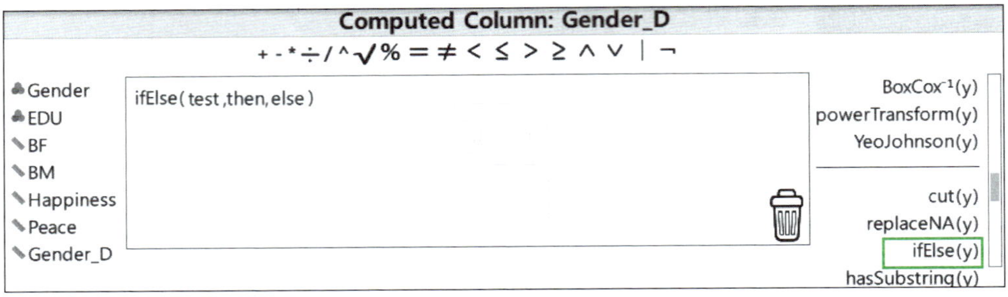

3. 좌측 변수 중에서 Gender 변수를 클릭하고 상단 연산자 중에서 = 을 클릭한 후 다음과 같이 입력한다.

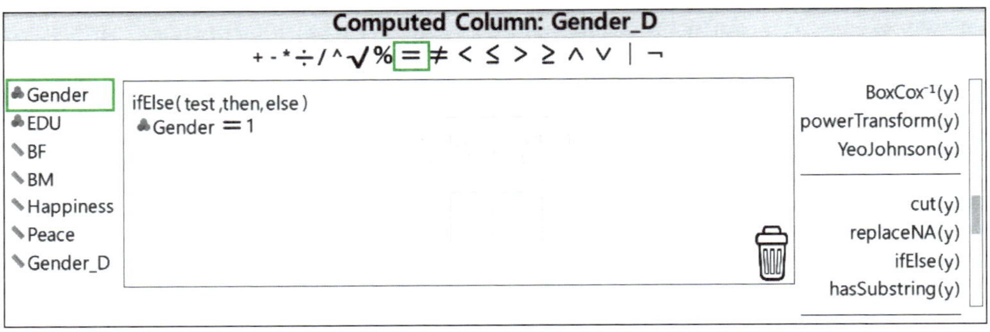

4. Gender = 1의 가운데 = 을 클릭하여 ifElse 함수의 test 부분으로 이동시켜 다음과 같이 되게 한다.

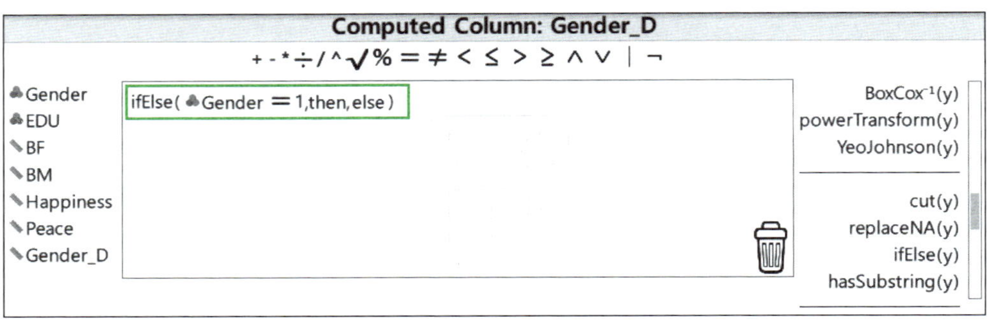

5. 다음과 같이 설정한 후 [Compute column] 버튼을 클릭한다.

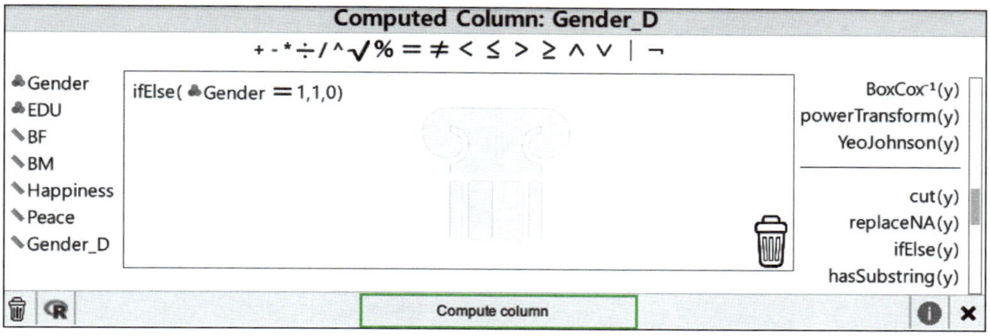

6. 이러한 과정을 거치면 성별(Gender)에 대한 척도형 더미변수 Gender_D 변수가 생성된 것을 확인할 수 있다. 새롭게 정의된 더미변수 Gender_D 변수를 포함한 파일을 Save AS 기능을 이용하여 'Data1CorewithDummy.jasp' 파일로 저장하자.

	Gender	EDU	BF	BM	Happiness	Peace	Gender_D
1	0	1	3.4	3.2	4	4	0
2	0	1	1.2	1.2	4.6	4	0
3	0	1	4	3.4	4	2.8	0
4	0	2	3.6	3.6	3.8	3.8	0
5	0	1	4.2	4	4	4	0
6	0	2	4	3.6	4	4	0
7	0	1	4	4	4	4	0
8	0	1	3.6	4.6	4.8	3.8	0
9	0	1	3.6	4.6	4.4	2.4	0
10	1	4	3.6	2.2	3.8	4	1

더 이상 새로운 변수를 정의할 필요가 없기 때문에 변수 생성을 위한 기능 창을 없애기 위해서는 [Compute column] 우측에 있는 [×] 버튼을 클릭하면 된다.

[JASP 모듈 통계분석 옵션 기능 선택] – 척도형 더미변수를 이용한 조절효과분석

다음과 같이 설정한다.

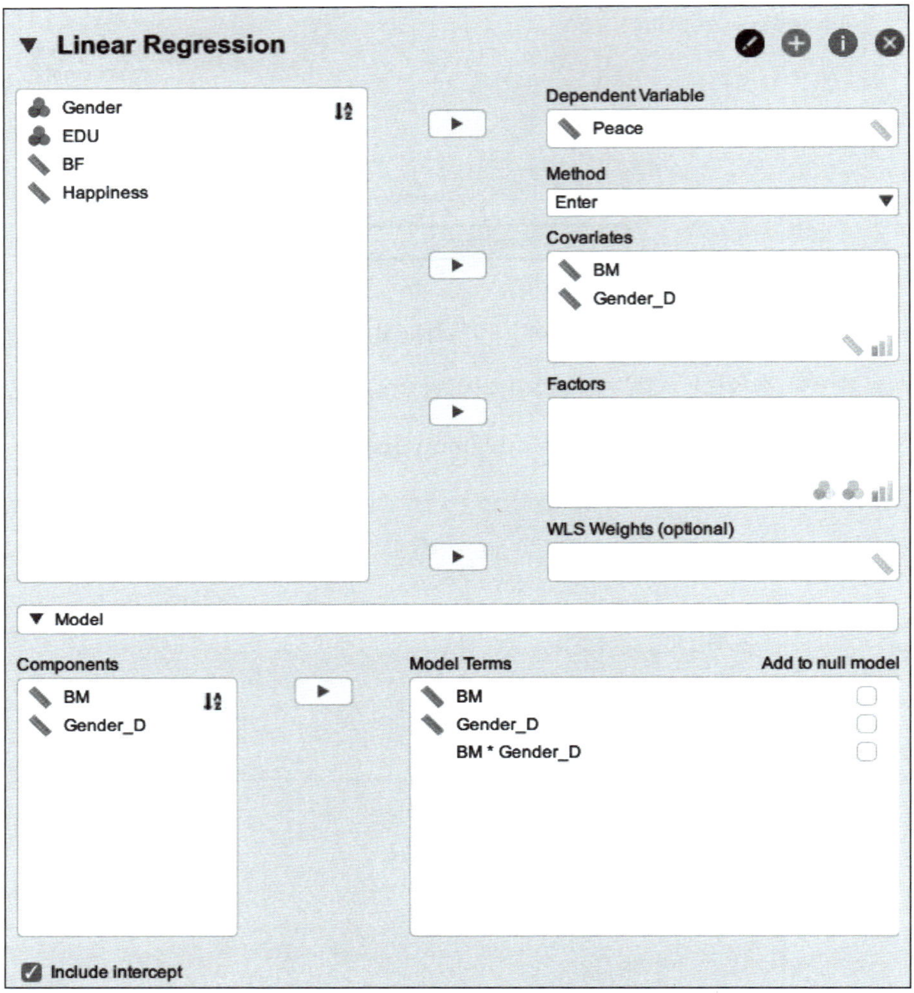

[JASP 분석결과 및 해석]

Linear Regression

Model Summary - Peace

Model	R	R^2	Adjusted R^2	RMSE
H_0	0.000	0.000	0.000	0.674
H_1	0.380	0.145	0.143	0.624

ANOVA

Model		Sum of Squares	df	Mean Square	F	p
H_1	Regression	127.982	3	42.661	109.583	< .001
	Residual	756.023	1942	0.389		
	Total	884.005	1945			

Note. The intercept model is omitted, as no meaningful information can be shown.

Coefficients

Model		Unstandardized	Standard Error	Standardized	t	p
H_0	(Intercept)	3.556	0.015		232.711	< .001
H_1	(Intercept)	2.896	0.072		40.052	< .001
	BM	0.236	0.024	0.276	9.942	< .001
	Gender_D	−0.630	0.113	−0.460	−5.598	< .001
	BM ∗ Gender_D	0.175	0.036	0.407	4.788	< .001

계수(Coefficients) 출력결과를 토대로 건강한 자기관리(BM)와 평화(Peace)의 관계에 대한 성별(Gender_D)의 조절효과 모형의 추정 회귀식을 다음과 같이 작성할 수 있다.

$$Peace = 2.896 + 0.236 \times BM - 0.630 \times Gender\_D + 0.175 \times BM * Gender\_D$$

따라서 여성(Gender_D=0)에 대한 건강한 자기관리(BM)와 평화(Peace)의 관계에 대한 추정 회귀식은

$$Peace = 2.896 + 0.236 \times BM$$

이고, 남성(Gender_D=1)에 대한 건강한 자기관리(BM)와 평화(Peace)의 관계에 대한 추정 회귀식은

$$\begin{aligned} Peace &= 2.896 + 0.236 \times BM - 0.630 + 0.175 \times BM \\ &= 2.266 + 0.411 \times BM \end{aligned}$$

이 된다.

이러한 결과를 정리하면 <표 4-3>과 같다.

〈표 4-3〉 성별의 조절효과 분석 결과의 해석

성별		회귀분석(R)
여성(Gender_D=0)		$Peace = 2.896 + 0.236 \times BM$
남성(Gender_D=1)		$Peace = 2.266 + 0.411 \times BM$
차이점	절편	여성이 남성보다 0.63 크다
	기울기	남성이 남성보다 0.175 크다

결론적으로 건강한 자기관리(BM)와 평화(Peace)의 관계에서 성별은 조절변수 역할을 한다는 것을 알 수 있다. 좀 더 구체적으로는, 건강한 자기관리를 전혀 하지 않는 성인 여성의 경우 남성에 비하여 평화 점수가 0.63점 높지만, 건강한 자기관리를 하는 성인 여성의 경우 건강한 자기관리에 대한 주관적인 평가가 1점 증가할 때 평화 점수가 0.236점 증가하는 것에 비하여 남성의 경우 0.411점 증가하여 더욱 가파른 상승을 하는 것으로 나타났다. 이는 남성의 경우 여성에 비하여 건강한 자기관리가 평화에 미치는 영향력이 더 크다는 것을 의미한다.

2.2 다중집단변수 형태의 조절변수

조절변수의 가능한 수준의 수가 k인 경우에 조절효과를 위한 통계모형을 작성하기 위해서 필요한 더미변수의 수는 k-1개다. 예를 들어, 교육정도가 조절변수의 역할을 하는 경우에 교육정도가 1, 2, 3, 4로 코딩되어 있다면 조절변수(R)가 취할 수 있는 수준의 수는 4이며, 우리가 필요로 하는 더미변수는 3개이면 된다. 여기서 기준이 되는 집단을 학력이 4인 집단으로 놓을 경우 더미변수 D_1, D_2, D_3는 각각 교육정도가 1, 2, 3인 집단을 나타내는 더미변수가 되며, 그 관계는 <표 4-4>와 같다.

〈표 4-4〉 조절변수의 수준 값에 따른 더미변수 설정 방법

교육정도	R	D_1	D_2	D_3
1	1	1	0	0
2	2	0	1	0
3	3	0	0	1
4	4	0	0	0

독립변수(X)와 종속변수(Y)의 관계가 조절변수(R)의 수준에 따라서 다르게 나타나는 것을 통계모형으로 검증하기 위해서는 반응변수인 종속변수를 설명하기 위한 설명변수로 독립변수, k-1개의 더미변수, k-1개의 독립변수와 더미변수의 곱인 상호작용항이 필요하며, 그 모형은 다음과 같이 표기할 수 있다.

$$Y = \alpha + \beta_0 X + \beta_1 D_1 + \beta_2 D_2 + \beta_3 D_3 + \gamma_1 X \cdot D_1 + \gamma_2 X \cdot D_2 + \gamma_3 X \cdot D_3 + \varepsilon$$

따라서 기준 집단인 교육정도가 4인 집단(R=4인 경우로 $D_1 = D_2 = D_3 = 0$인 경우)에 대한 조절효과 모형은 다음과 같이 된다.

$$Y = \alpha + \beta_0 X + \varepsilon$$

교육정도가 1인 집단(R=1인 경우로 $D_1 = D_2 = D_3 = 0$인 경우)에 대한 조절효과 모형은 다음과 같이 된다.

$$Y=(\alpha+\beta_1)+(\beta_0+\gamma_1)X+\varepsilon$$

교육정도가 2인 집단(R=2인 경우로 $D_1 = D_2 = D_3 = 0$인 경우)에 대한 조절효과 모형은 다음과 같이 된다.

$$Y=(\alpha+\beta_2)+(\beta_0+\gamma_2)X+\varepsilon$$

교육정도가 3인 집단(R=3인 경우로 $D_1 = D_2 = D_3 = 0$인 경우)에 대한 조절효과 모형은 다음과 같이 된다.

$$Y=(\alpha+\beta_3)+(\beta_0+\gamma_3)X+\varepsilon$$

교육정도가 4인 집단의 회귀모형의 회귀계수 α, β_0의 추정값인 a, b0가 모두 양수라고 가정하고 그 밖의 회귀계수 $\beta_{1,}$ $\beta_{2,}$ $\beta_{3,}$ $\gamma_{1,}$ $\gamma_{2,}$ γ_3의 추정값인 b1, b2, b3, r1, r2, r3의 상대적인 값의 크기가 b1 > b2 > b3 > 0이고, r1 > r2 > r3 > 0이라고 가정할 경우의 조절효과 모형의 추정 회귀식에 대한 그림은 [그림 4-7]과 같게 표현되고, b1 > b2 > b3 > 0이고, r3 > r2 > r1 > 0이라고 가정할 경우의 조절효과 모형의 추정회귀식에 대한 그림은 [그림 4-8]과 같게 표현된다.

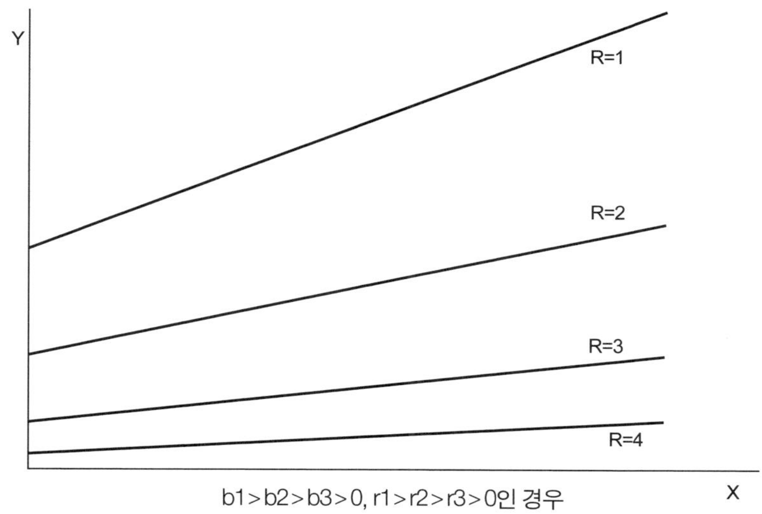

[그림 4-7] b1 > b2 > b3 > 0, r1 > r2 > r3 > 0인 경우의 조절효과 모형

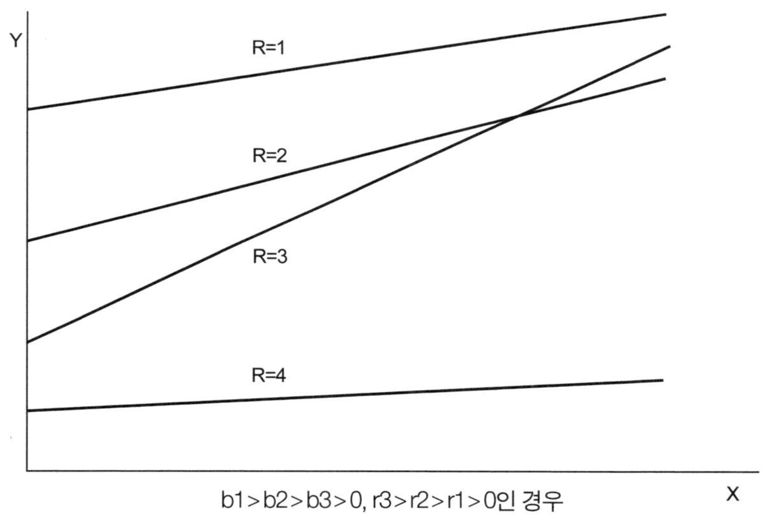

[그림 4-8] b1 > b2 > b3 > 0, r3 > r2 > r1 > 0인 경우의 조절효과 모형

[예제] 다중집단변수 형태의 조절변수

연구문제 15

교육정도의 조절효과 분석

건강한 자기관리가 평화에 영향을 미치는 관계에서 교육정도가 조절변수 역할을 하는가?

[JASP 모듈 통계분석 옵션 기능 선택] – 다중집단변수 형태의 조절변수

다음과 같이 설정한다.

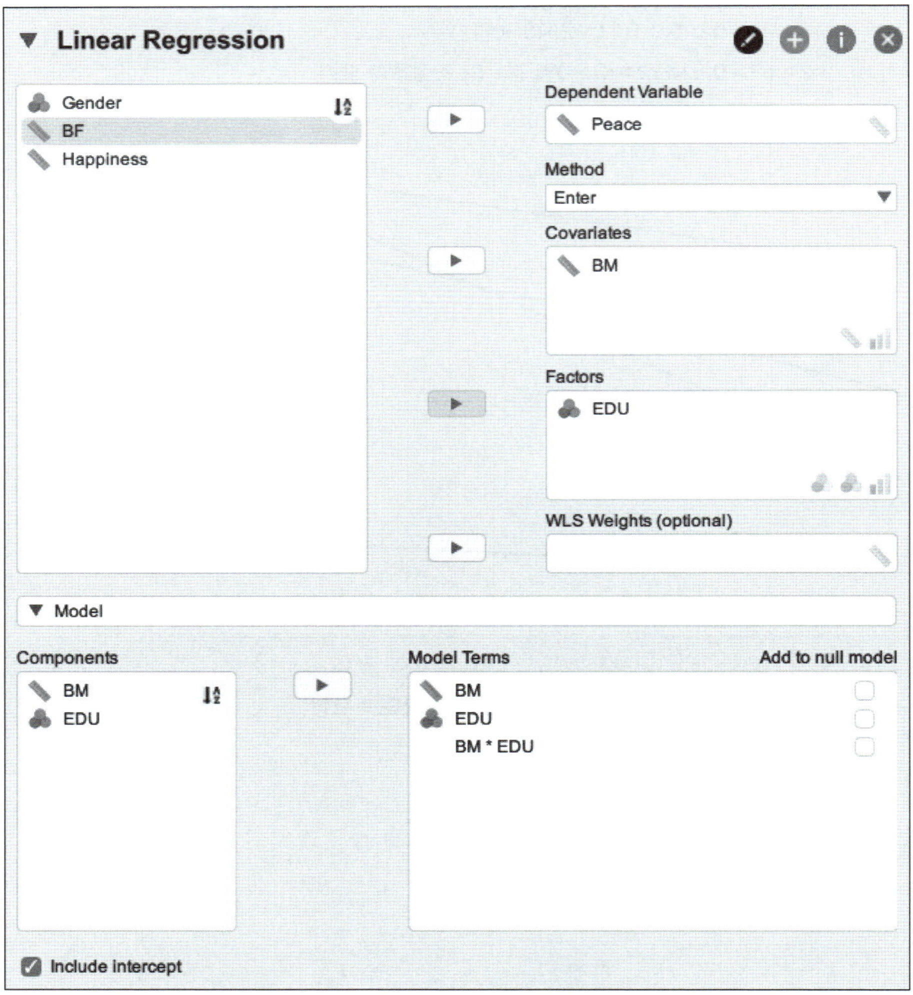

[JASP 분석결과 및 해석]

Linear Regression

Model Summary - Peace

Model	R	R^2	Adjusted R^2	RMSE
H_0	0.000	0.000	0.000	0.674
H_1	0.378	0.143	0.140	0.625

ANOVA

Model		Sum of Squares	df	Mean Square	F	p
H_1	Regression	126.219	7	18.031	46.114	< .001
	Residual	757.785	1938	0.391		
	Total	884.005	1945			

Note. The intercept model is omitted, as no meaningful information can be shown.

Coefficients

Model		Unstandardized	Standard Error	Standardized[a]	t	p
H_0	(Intercept)	3.556	0.015		232.711	< .001
H_1	(Intercept)	3.156	0.175		18.001	< .001
	BM	0.177	0.054	0.206	3.293	0.001
	EDU (2)	−0.490	0.212		−2.318	0.021
	EDU (3)	−0.625	0.190		−3.284	0.001
	EDU (4)	−0.382	0.241		−1.580	0.114
	BM ∗ EDU (2)	0.104	0.066		1.573	0.116
	BM ∗ EDU (3)	0.160	0.059		2.710	0.007
	BM ∗ EDU (4)	0.140	0.076		1.834	0.067

[a] Standardized coefficients can only be computed for continuous predictors.

회귀계수(Coefficients) 추정 결과를 보면 기준이 되는 교육정도는 중졸 이하(EDU=1)인 것을 알 수 있으며, [EDU=1] 집단에 대한 건강한 자기관리(BM)와 평화(Peace)의 관계에 대한 추정 회귀식은

$$Peace = 3.156 + 0.177 \times BM$$

과 같고, [EDU=2] 집단에 대한 건강한 자기관리(BM)와 평화(Peace)의 관계에 대한 추정 회귀식은

$$\text{Peace} = 3.156 + 0.177 \times \text{BM} - 0.490 + 0.104 \times \text{BM}$$
$$= 2.666 + 0.281 \times \text{BM}$$

과 같고, [EDU=3] 집단에 대한 건강한 자기관리(BM)와 평화(Peace)의 관계에 대한 추정 회귀식은

$$\text{Peace} = 3.156 + 0.177 \times \text{BM} - 0.625 + 0.160 \times \text{BM}$$
$$= 2.531 + 0.337 \times \text{BM}$$

과 같고, [EDU=4] 집단에 대한 건강한 자기관리(BM)와 평화(Peace)의 관계에 대한 추정 회귀식은

$$\text{Peace} = 3.156 + 0.177 \times \text{BM} - 0.382 + 0.140 \times \text{BM}$$
$$= 2.774 + 0.317 \times \text{BM}$$

과 같게 계산된다. 이를 정리하면 <표 4-5>와 같다.

〈표 4-5〉 교육정도에 따른 건강한 자기관리와 평화의 관계의 추정 회귀식

교육정도(EDU)	추정 회귀식
중졸 이하(EDU=1)	Peace = 3.156 + 0.177×BM
고졸 또는 중퇴(EDU=2)	Peace = 2.666 + 0.281×BM
대졸 또는 중퇴(EDU=3)	Peace = 2.531 + 0.337×BM
대학원 졸업 또는 중퇴(EDU=4)	Peace = 2.774 + 0.317×BM

위와 같이 건강한 자기관리와 평화의 관계가 교육정도에 따라서 다르게 나타나는 경우 건강한 자기관리와 평화의 관계에 있어서 교육정도는 조절변수 역할을 한다고 한다. 이러한 분석결과를 나타내는 분산분석표는 <표 4-6>과 같다.

〈표 4-6〉 건강한 자기관리와 평화의 관계에서의 교육의 조절효과 분산분석표

요인	제곱합	자유도	평균제곱합	F-값	p-값
건강한 자기관리, 교육정도, 건강한 자기관리와 교육정도의 상호작용	126.219	7	18.031	46.114	<.001
오차	757.930	1938	0.391		
전체(수정)	884.134	1945			

독립변수와 종속변수의 관계에서 조절변수의 역할이 의미가 있으려면 조절변수의 수준에 따른 차이가 유의미하게 나타나야 한다. 추정 회귀식과 분산분석표를 보고한 <표 4-5>와 <표 4-6>이 의미가 있기 위해서는 조절변수의 수준을 나타내는 더미변수의 회귀계수에 대한 가설검정 결과가 유의미하여야 한다. 그러나 앞에서 다룬 예제에서는 교육정도가 대학원 졸업 또는 중퇴(EDU=4)인 경우의 회귀계수에 대한 유의확률은 0.114로 나타났다. 이는 기준이 되는 집단인 교육정도가 중졸 이하(EDU=1)인 집단과 대학원 졸업 또는 중퇴(EDU=4)인 집단 간의 평화점수의 차이가 없다는 것을 의미한다. 따라서 교육정도의 조절효과를 분석하기 위해서는 이러한 상황을 고려하여 분석하여야 한다. 이를 위해서는 교육정도의 수준을 나타내는 척도형 더미변수를 정의하여 분석하는 것이 적절하다.

우선 교육정도(EDU)의 수준에 따른 더미변수 EDU_D1(교육정도가 1인 경우), EDU_D2(교육정도가 2인 경우), EDU_D3(교육정도가 3인 경우), EDU_D4(교육정도가 4인 경우) 4개를 정의할 필요가 있다. [연구문제 14]에서 성별에 대한 척도형 더미변수 Gender_D 변수를 정의한 방법으로 4개의 척도형 더미변수 4개를 정의할 수 있으면 구체적인 방법은 여기서 다루지 않기로 한다. 새롭게 정의된 더미변수 EDU_D1, EDU_D2, EDU_D3, EDU_D4 변수를 포함한 파일을 Save AS 기능을 이용하여 'Data1CorewithDummy.jasp' 파일로 저장하자.

[JASP 모듈 통계분석 옵션 기능 선택] – 척도형 더미변수를 이용한 조절효과 분석

다중집단변수를 나타내는 명목형 변수를 이용하여 [연구문제 15]를 분석한 앞의 결과는 교육정도가 1인 경우를 기준으로 하여 분석한 결과이다. 척도형 더미변수를 이용하여 앞의 결과와 동일한 결과를 얻기 위해서는 EDU_D2, EDU_D3, EDU_D4 변수를 이용하면 되며, 그 방법은 다음과 같다.

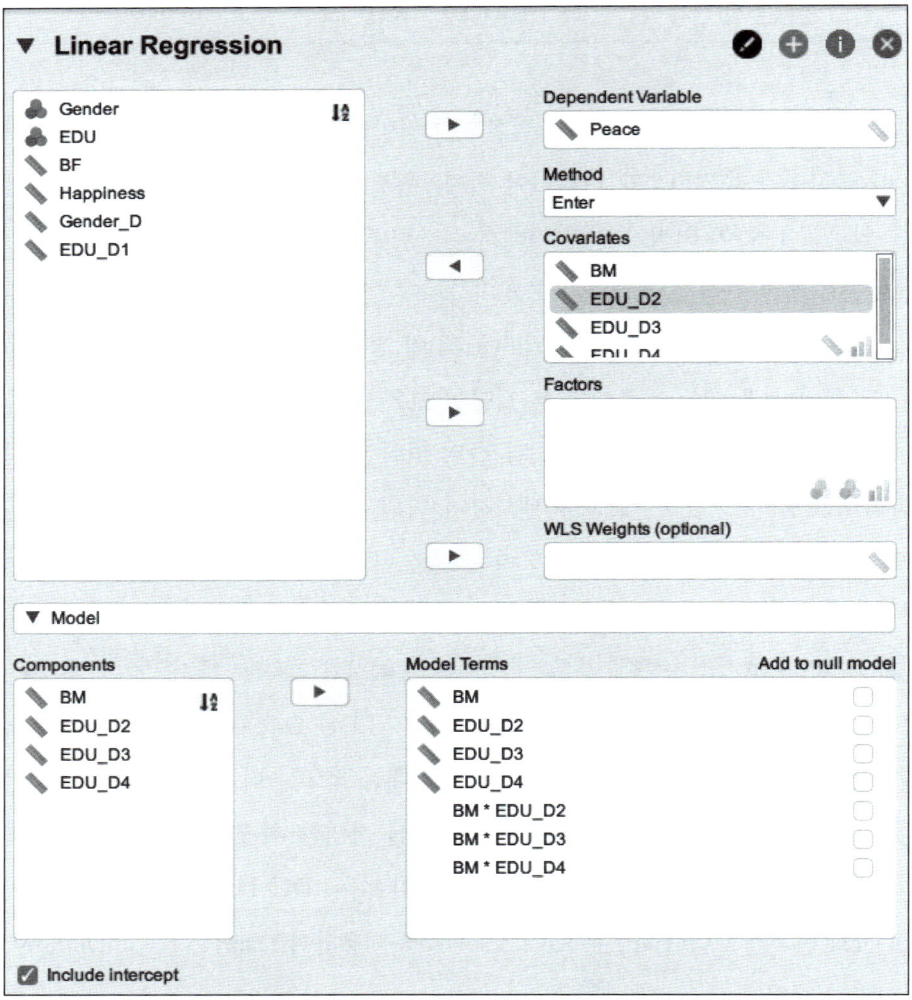

[JASP 분석결과 및 해석]

Linear Regression

Model Summary - Peace

Model	R	R^2	Adjusted R^2	RMSE
H_0	0.000	0.000	0.000	0.674
H_1	0.378	0.143	0.140	0.625

ANOVA

Model		Sum of Squares	df	Mean Square	F	p
H_1	Regression	126.219	7	18.031	46.114	< .001
	Residual	757.785	1938	0.391		
	Total	884.005	1945			

Note. The intercept model is omitted, as no meaningful information can be shown.

Coefficients

Model		Unstandardized	Standard Error	Standardized	t	p
H_0	(Intercept)	3.556	0.015		232.711	< .001
H_1	(Intercept)	3.156	0.175		18.001	< .001
	BM	0.177	0.054	0.206	3.293	0.001
	EDU_D2	−0.490	0.212	−0.312	−2.318	0.021
	EDU_D3	−0.625	0.190	−0.463	−3.284	0.001
	EDU_D4	−0.382	0.241	−0.172	−1.580	0.114
	BM ∗ EDU_D2	0.104	0.066	0.205	1.573	0.116
	BM ∗ EDU_D3	0.160	0.059	0.372	2.710	0.007
	BM ∗ EDU_D4	0.140	0.076	0.193	1.834	0.067

회귀계수(Coefficients) 추정 결과를 보면 기준이 되는 교육정도는 중졸 이하(EDU=1)로 설정되었다. [EDU=1] 집단에 대한 건강한 자기관리(BM)와 평화(Peace)의 관계에 대한 추정 회귀식은

$$Peace = 3.156 + 0.177 \times BM$$

과 같고, [EDU=2](EDU_D2=1) 집단에 대한 건강한 자기관리(BM)와 평화(Peace)의 관계에 대한 추정 회귀식은

$$Peace = 3.156 + 0.177 \times BM - 0.490 + 0.104 \times BM$$
$$= 2.666 + 0.281 \times BM$$

과 같고, [EDU=3](EDU_D3=1) 집단에 대한 건강한 자기관리(BM)와 평화(Peace)의 관계에 대한 추정 회귀식은

$$Peace = 3.156 + 0.177 \times BM - 0.625 + 0.160 \times BM$$
$$= 2.531 + 0.337 \times BM$$

과 같고, [EDU=4](EDU_D4=1) 집단에 대한 건강한 자기관리(BM)와 평화(Peace)의 관계에 대한 추정 회귀식은

$$Peace = 3.156 + 0.177 \times BM - 0.382 + 0.140 \times BM$$
$$= 2.774 + 0.317 \times BM$$

과 같게 계산된다. 이를 정리하면 앞에서 다룬 <표 4-5>의 내용과 같다.

앞에서 언급한 바와 같이 교육정도가 대학원 졸업 또는 중퇴(EDU=4)인 경우를 나타내는 척도형 더미변수 EDU_D4 변수의 회귀계수에 대한 유의확률은 0.114로 나타났다. 이는 교육정도가 중졸 이하(EDU=1)인 집단과 대학원 졸업 또는 중퇴(EDU=4)인 집단 간의 평화점수의 유의미한 차이가 없다는 것을 의미한다. 따라서 모형에서 EDU_D4 변수를 제거하여 분석할 필요가 있다.

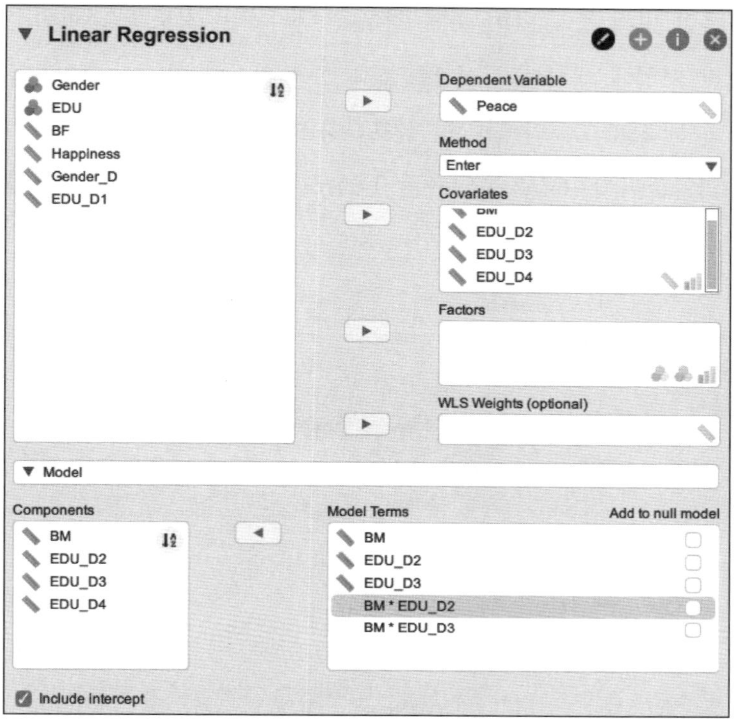

Linear Regression

Model Summary - Peace

Model	R	R²	Adjusted R²	RMSE
H_0	0.000	0.000	0.000	0.674
H_1	0.376	0.141	0.139	0.626

ANOVA

Model		Sum of Squares	df	Mean Square	F	p
H_1	Regression	124.668	5	24.934	63.702	< .001
	Residual	759.336	1940	0.391		
	Total	884.005	1945			

Note. The intercept model is omitted, as no meaningful information can be shown.

Coefficients

Model		Unstandardized	Standard Error	Standardized	t	p
H_0	(Intercept)	3.556	0.015		232.711	< .001
H_1	(Intercept)	2.973	0.120		24.827	< .001
	BM	0.241	0.038	0.281	6.377	< .001
	EDU_D2	−0.307	0.168	−0.195	−1.821	0.069
	EDU_D3	−0.441	0.141	−0.327	−3.135	0.002
	BM * EDU_D2	0.040	0.054	0.078	0.732	0.464
	BM * EDU_D3	0.095	0.045	0.222	2.118	0.034

교육정도가 대학원 졸업 또는 중퇴(EDU=4)인 경우를 나타내는 척도형 더미변수 EDU_D4 변수를 제거한 모형에 대한 분석결과를 살펴보면 건강한 자기관리(BM)와 교육정도가 고졸 또는 중퇴(EDU_D2)인 집단의 상호작용(BM*EDU_D2)의 회귀계수(Coefficients)에 대한 유의확률이 0.464로 유의수준 0.05보다 크게 나타났다. 따라서 이 항을 제거한 모형을 살펴볼 필요가 있다.

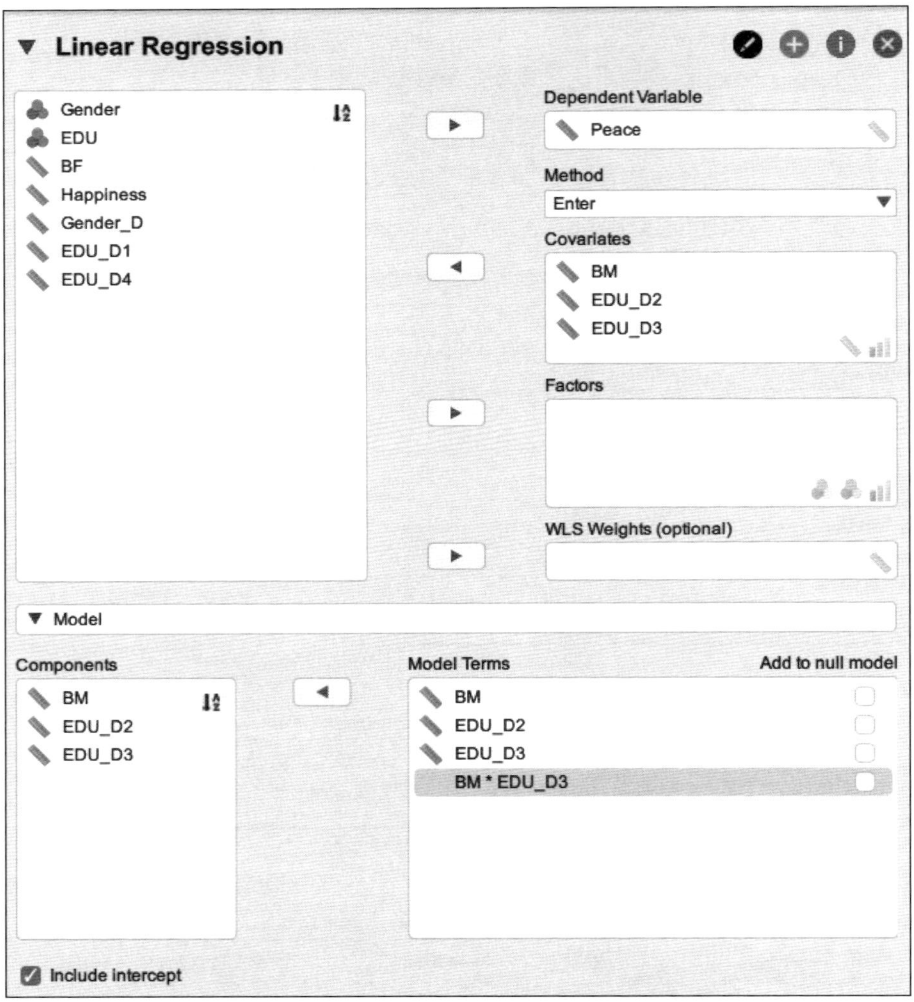

Linear Regression

Model Summary - Peace

Model	R	R²	Adjusted R²	RMSE
H_0	0.000	0.000	0.000	0.674
H_1	0.375	0.141	0.139	0.626

ANOVA

Model		Sum of Squares	df	Mean Square	F	p
H_1	Regression	124.458	4	31.115	79.513	< .001
	Residual	759.546	1941	0.391		
	Total	884.005	1945			

Note. The intercept model is omitted, as no meaningful information can be shown.

Coefficients

Model		Unstandardized	Standard Error	Standardized	t	p
H_0	(Intercept)	3.556	0.015		232.711	< .001
H_1	(Intercept)	2.913	0.088		33.100	< .001
	BM	0.260	0.027	0.303	9.649	< .001
	EDU_D2	−0.187	0.042	−0.119	−4.505	< .001
	EDU_D3	−0.382	0.115	−0.283	−3.321	< .001
	BM ∗ EDU_D3	0.076	0.036	0.177	2.087	0.037

회귀계수(Coefficients)의 유의성을 살펴보면 유의확률 모두 유의수준 0.05보다 작게 나타났다. 이 결과를 토대로 추정된 회귀식을 구하면 다음과 같다.

$$Peace = 2.913 + 0.260 \times BM - 0.187 \times EDU\_D2 - 0.382 \times EDU\_D3 + 0.076 \times BM{*}EDU\_D3$$

따라서 교육정도가 중졸(EDU=1) 또는 대학원 졸업 또는 중퇴(EDU=4)인 집단의 추정된 회귀식은

$$Peace = 2.913 + 0.260 \times BM$$

과 같고, 교육정도가 고졸 또는 중퇴(EDU=2)(EDU_D2=1)인 집단의 추정된 회귀식은

$$\begin{aligned} Peace &= 2.913 + 0.260 \times BM - 0.187 \\ &= 2.726 + 0.260 \times BM \end{aligned}$$

과 같고, 교육정도가 대졸 또는 중퇴(EDU=3)(EDU_D3=1)인 집단의 추정된 회귀식은

$$\begin{aligned} Peace &= 2.913 + 0.260 \times BM - 0.382 + 0.076 \times BM \\ &= 2.531 + 0.336 \times BM \end{aligned}$$

과 같다. 이를 정리하면 <표 4-7>과 같다.

〈표 4-7〉 교육정도에 따른 건강한 자기관리와 평화의 관계의 추정 회귀식

교육정도(EDU)	추정 회귀식
중졸 이하(EDU=1)(EDU_D1=1)	Peace = 2.913 + 0.260×BM
고졸 또는 중퇴(EDU=2)(EDU_D2=1)	Peace = 2.726 + 0.260×BM
대졸 또는 중퇴(EDU=3)(EDU_D3=1)	Peace = 2.531 + 0.336×BM
대학원 졸업 또는 중퇴(EDU=4)(EDU_D4=1)	Peace = 2.913 + 0.260×BM

이러한 결과는 <표 4-6>과 다른 결과이다. <표 4-7>을 살펴보면, 건강한 자기관리(BM)가 평화(Peace)에 미치는 영향이 가장 큰 교육정도 집단은 대졸 또는 중퇴(EDU=3)(EDU_D3=1)인 집단으로 다른 집단의 경우 건강한 자기관리가 1점 증가할 경우 평화 점수는 0.26점 증가하는 반면 해당 집단은 0.336점 증가하는 것으로 나타났다. 이는 대졸 또는 중퇴(EDU=3)(EDU_D3=1) 집단의 건강한 자기관리가 평화에 미치는 영향력이 더 크다는 것을 의미한다.

2.3 연속형 변수 형태의 조절변수

조절변수가 연속형 변수일 경우에 조절효과 분석을 위해서는 반응변수인 종속변수를 설명하기 위한 설명변수로 독립변수, 조절변수, 독립변수와 조절변수의 곱인 상호작용 항을 도입한 다음과 같은 선형모형을 사용한다.

$$Y = \alpha + \beta_1 X + \beta_2 R + \beta_3 X \cdot R + \varepsilon$$

이 경우 조절변수의 가능한 수준의 수는 무한이다. 따라서 조절변수가 연속형 변수일 경우에 조절효과를 시각적으로 표현하는 것은 불가능하다. 논문작성을 위해서는 연속형 조절변수의 조절효과를 시각적으로 보여줄 필요가 있으며, 이를 위해서 연구자는 연속형 조절변수의 값의 범위에 따라서 연구대상을 2개 또는 k개의 수준으로 구분할 수 있으며, 그 선택은 연구자의 몫이다. 연구대상을 두 집단으로 구분하고자 할 경우 조절변수의 평균(mean) 또는 중위수(median)를 사용할 수 있으며, k개의 집단으로 구분하고자 할 경우 각 부분집단의 구성원들의 비율이 동일하게 1/k씩 배정할 수 있다.

[예제] 연속형 변수 형태의 조절변수

연구문제 16 **연속형 변수의 조절효과 분석**

행복(Happiness)과 평화(Peace)의 관계에서 건강한 자기관리(BM)의 조절효과가 있는가?

[JASP 모듈 통계분석 옵션 기능 선택] – 연속형 형태의 조절변수

다음과 같이 설정한다.

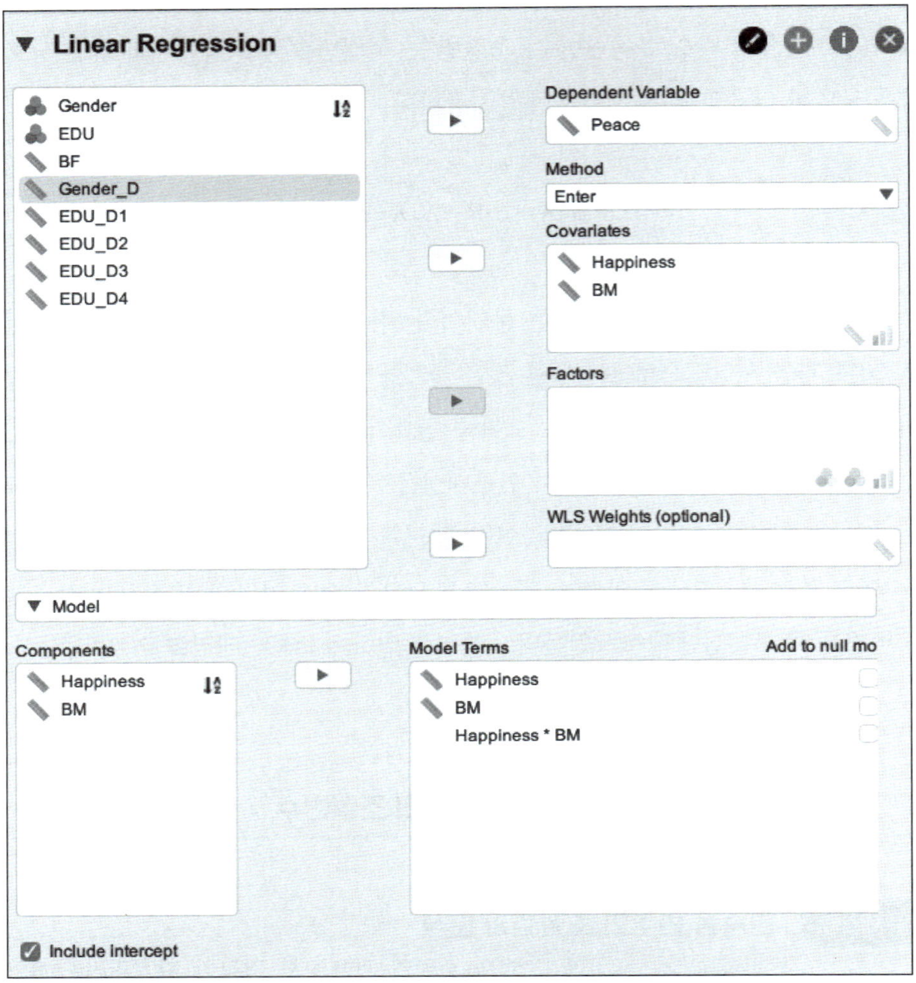

[JASP 분석결과 및 해석]

Linear Regression

Model Summary - Peace

Model	R	R²	Adjusted R²	RMSE
H_0	0.000	0.000	0.000	0.674
H_1	0.570	0.325	0.324	0.554

ANOVA

Model		Sum of Squares	df	Mean Square	F	p
H_1	Regression	287.486	3	95.829	311.976	< .001
	Residual	596.518	1942	0.307		
	Total	884.005	1945			

Note. The intercept model is omitted, as no meaningful information can be shown.

Coefficients

Model		Unstandardized	Standard Error	Standardized	t	p
H_0	(Intercept)	3.556	0.015		232.711	< .001
H_1	(Intercept)	0.749	0.199		3.764	< .001
	Happiness	0.724	0.057	0.816	12.793	< .001
	BM	0.445	0.073	0.519	6.102	< .001
	Happiness ∗ BM	−0.100	0.019	−0.648	−5.156	< .001

회귀계수(Coefficients) 추정 값을 토대로 행복(Happiness)과 평화(Peace)의 관계에서 건강한 자기관리(BM)의 조절효과 모형의 추정 회귀식은 다음과 같이 작성할 수 있다.

$$\text{Peace} = 0.749 + 0.724 \times \text{Happiness} + 0.445 \times \text{BM} - 0.1 \times \text{Happiness} \times \text{BM}$$

분산분석표(ANOVA)를 살펴보면, 행복(Happiness)과 평화(Peace)의 관계에서 건강한 자기관리(BM)의 조절효과 모형의 유의성 검정에 대한 유의확률이 <.001로 유의수준 0.05보다 작게 나타났으며, 조절효과 모형의 설명력(R^2)은 32.5%로 나타났다.

조절변수가 연속형 변수일 경우 조절변수의 가능한 수준의 수는 무한이다. 조절변수로 설정한 건강한 자기관리(BM)의 값에 따라서 구분되는 상/중/하 집단 또는 고/저 집단의 대표적인 값이 주어졌을 경우의 행복과 평화의 관계식을 이용하여 조절효과를 시각적으로 표현할 수 있다. 이를 위하여 우선적으로 건강한 자기관리에 대한 평균, 표준편차 등과 같은 기본적인 기술통계량을 출력할 필요가 있다.

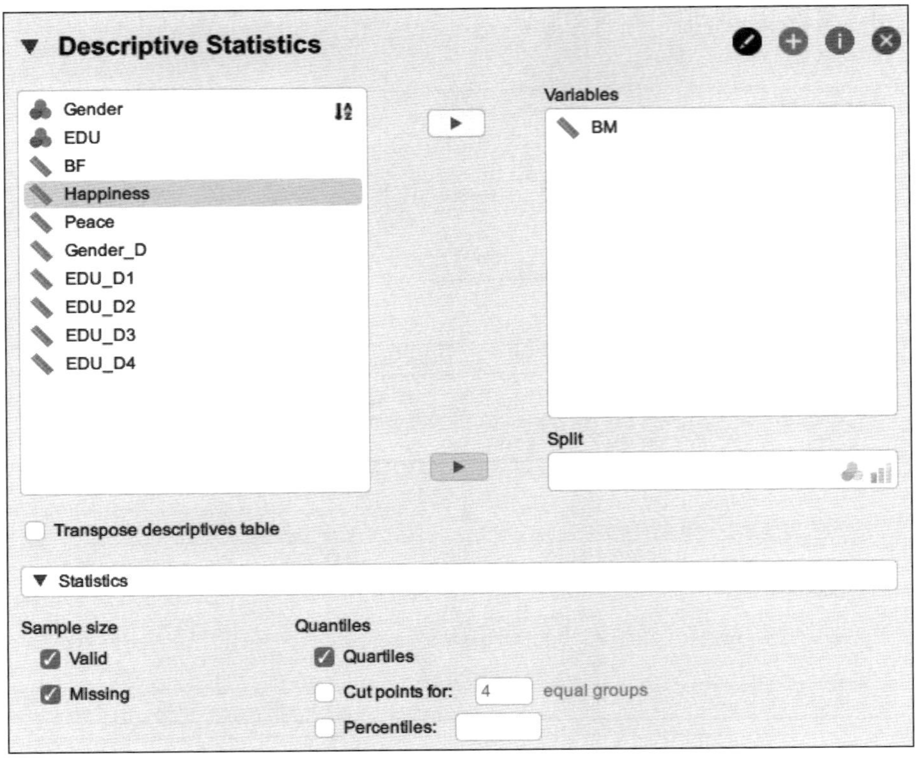

Descriptive Statistics

Descriptive Statistics

	BM
Valid	1946
Missing	0
Mean	2.972
Std. Deviation	0.786
Minimum	1.000
Maximum	5.000
25th percentile	2.400
50th percentile	3.000
75th percentile	3.600

조절변수인 건강한 자기관리(BM)의 상/중/하 수준을 설정하기 위하여 연구자마다 선택을 다르게 할 수 있지만 여기서는 상 집단의 대푯값을 상위 25% 점수에 해당되는 75% 백분위수(75th percentile)인 3.60으로 설정하고, 중 집단의 대푯값을 상위 50% 점

수에 해당되는 중위수(50th percentile)인 3.0으로 설정하며, 하 집단의 대푯값을 하위 25% 점수에 해당되는 25% 백분위수(25th percentile)인 2.4로 설정하기로 하자. 건강한 자기관리(BM)가 2.4일 경우 평화의 추정 회귀식은

$$\text{Peace} = 1.729 + 0.484 \times \text{Happiness}$$

건강한 자기관리(BM)가 3.0일 경우 평화의 추정 회귀식은

$$\text{Peace} = 2.059 + 0.424 \times \text{Happiness}$$

건강한 자기관리(BM)가 3.6일 경우 평화의 추정 회귀식은

$$\text{Peace} = 2.326 + 0.364 \times \text{Happiness}$$

으로 나타난다. 이는 행복(Happiness)이 1점 증가할 때 평화(Peace)의 증가속도가 건강한 자기관리(BM)가 상인 집단보다 하인 집단이 더 크다는 것을 의미하는 것으로, 건강한 자기관리를 잘할수록 행복이 평화에 미치는 영향력이 작아진다고 해석될 수도 있다.

연속형 조절변수에 대한 조절효과를 보여주기 위한 대안적 방법은 연속형 조절변수를 그 값의 고/저에 따라서 두 집단으로 분류하여 더미변수를 이용하는 방법이다. 앞의 출력결과에서 건강한 자기관리의 50% 백분위수에 해당되는 값이 3.0이기 때문에 건강한 자기관리(BM)가 3.0을 초과하는 집단과 이하인 집단을 나타내는 더미변수(BM_D)를 사용하여 조절효과를 표현할 수 있다. [연구문제 14]에서 설명한 방법으로 다음과 같은 조건을 만족하는 더미변수를 만들어 보자.

$$\text{BM\_D} = \begin{cases} 1, & \text{BM} > 3.0 \\ 0, & \text{BM} \leq 3.0 \end{cases}$$

[JASP 모듈 통계분석 옵션 기능 선택] – 조절효과의 시각적 표현을 위한 방법

⊙ 건강한 자기관리 더미변수 만들기

1. 다음과 같이 설정한다.

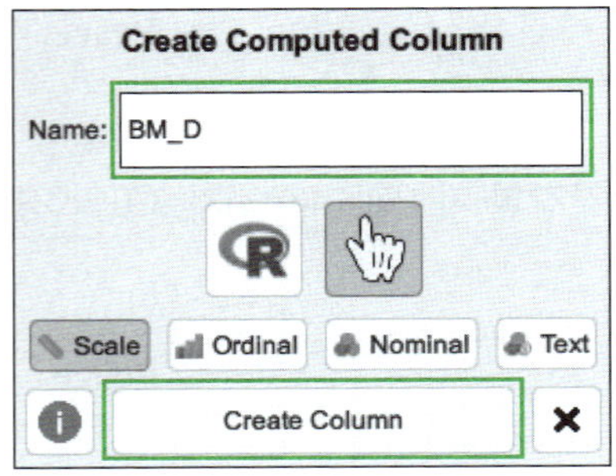

2. 다음과 같이 설정한 후 Compute column 버튼을 클릭한다.

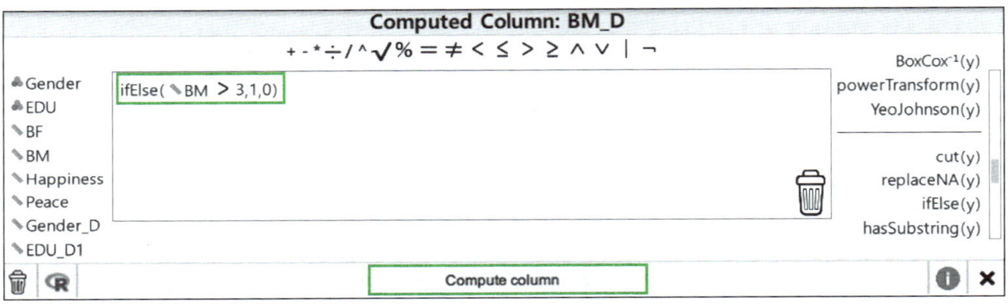

3. 이러한 과정을 거치면 건강한 자기관리(BM)에 대한 척도형 더미변수 BM_D 변수가 생성된 것을 확인할 수 있다. 새롭게 정의된 더미변수 BM_D 변수를 포함한 파일을 Save AS 기능을 이용하여 'Data1CorewithDummy.jasp' 파일로 저장하자.

	Gender	EDU	BF	BM	Happiness	Peace	fxGender_D	fxEDU_D1	fxEDU_D2	fxEDU_D3	fxEDU_D4	fxBM_D
1	0	1	3.4	3.2	4	4	0	1	0	0	0	1
2	0	1	1.2	1.2	4.6	4	0	1	0	0	0	0
3	0	1	4	3.4	4	2.8	0	1	0	0	0	1
4	0	2	3.6	3.6	3.8	3.8	0	0	1	0	0	1
5	0	1	4.2	4	4	4	0	1	0	0	0	1
6	0	2	4	3.6	4	4	0	0	1	0	0	1
7	0	1	4	4	4	4	0	1	0	0	0	1
8	0	1	3.6	4.6	4.8	3.8	0	1	0	0	0	1
9	0	1	3.6	4.6	4.4	2.4	0	1	0	0	0	1
10	1	4	3.6	2.2	3.8	4	1	0	0	0	1	0

4. 다음과 같이 설정한다.

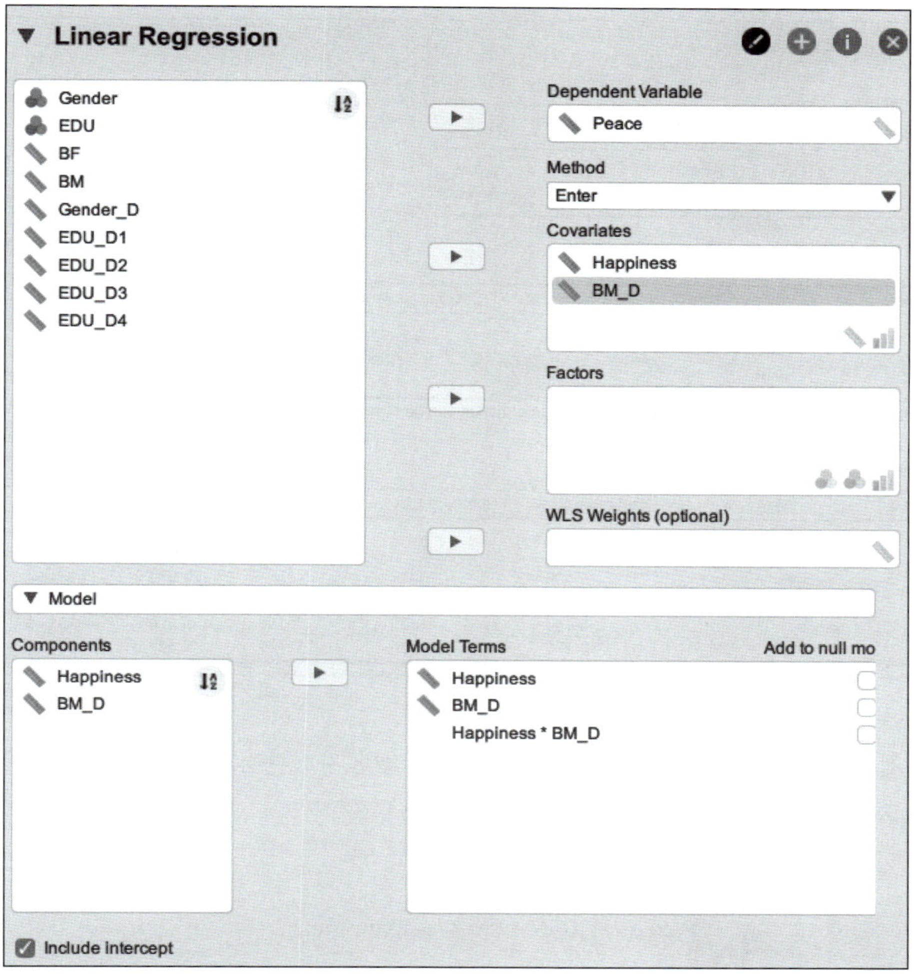
Linear Regression
Gender
EDU
BF
BM
Gender_D
EDU_D1
EDU_D2
EDU_D3
EDU_D4
Dependent Variable
Peace
Method
Enter
Covariates
Happiness
BM_D
Factors
WLS Weights (optional)
Model
Components
Happiness
BM_D
Model Terms
Add to null mo
Happiness
BM_D
Happiness * BM_D
Include Intercept

[JASP 분석결과 및 해석]

Linear Regression

Model Summary - Peace

Model	R	R^2	Adjusted R^2	RMSE
H_0	0.000	0.000	0.000	0.674
H_1	0.566	0.320	0.319	0.556

ANOVA

Model		Sum of Squares	df	Mean Square	F	p
H_1	Regression	283.085	3	94.362	304.949	< .001
	Residual	600.920	1942	0.309		
	Total	884.005	1945			

Note. The intercept model is omitted, as no meaningful information can be shown.

Coefficients

Model		Unstandardized	Standard Error	Standardized	t	p
H_0	(Intercept)	3.556	0.015		232.711	< .001
H_1	(Intercept)	1.666	0.074		22.374	< .001
	Happiness	0.527	0.022	0.594	23.753	< .001
	BM_D	0.740	0.146	0.544	5.074	< .001
	Happiness ∗ BM_D	−0.176	0.039	−0.515	−4.541	< .001

회귀계수(Coefficients) 출력결과를 살펴보면 건강한 자기관리가 3.0 이하인 집단(BM_D=0)의 경우 평화의 추정 회귀식은

$$\text{Peace} = 1.666 + 0.527 \times \text{Happiness}$$

이고, 건강한 자기관리가 3.0 초과인 집단(BM_D=1)의 경우 평화의 추정 회귀식은

$$\begin{aligned}\text{Peace} &= (1.666 + 0.740) + (0.527 - 0.176) \times \text{Happiness} \\ &= 2.406 + 0.351 \times \text{Happiness}\end{aligned}$$

인 것을 확인할 수 있다. 이는 건강한 자기관리가 낮은 집단이 높은 집단보다 행복이 평화에 미치는 영향력이 크게 나타나고 있다는 것을 의미한다.

5장

위계적 회귀분석

01 위계적 회귀분석

표본집단을 구성하고 있는 각 개체의 종속변수의 값이 다른 이유를 설명하고 예측하기 위한 통계모형에서 설명변수로 도입되는 변수들의 순서와 그 설명력, 그리고 새로운 설명변수가 도입될 때 이전에 도입된 설명변수가 종속변수에 미치는 영향력의 변화는 이론적, 현실적으로 중요한 의미를 내포하고 있는 경우가 많다. 종속변수에 영향을 미치는 변수들 중 성별, 학력, 결혼형태, 소득수준 등과 같은 환경적 요인을 나타내는 변수들은 이미 주어진 여건이나 환경으로 인구통계적 변인(socio-demographic variable) 또는 사회경제적 변인(socio-economic status variable)의 범주에 들어간다. 실제적인 연구의 연구설계 과정에서 이러한 인구통계적 변인에 대한 통제가 이루어지지 않았다면, 통계모형에서는 이러한 인구통계적 변인의 영향력을 우선적으로 제거하여야 한다. 따라서 일반적으로 종속변수를 설명하기 위한 모형의 설명변수는 우선적으로 이러한 인구통계적 변인으로 구성하고, 그다음 단계로, 종속변수에 영향을 미치는 설명변수의 영향력을 살펴보는 것이 바람직하다. 이 단계에서 고려되는 설명변수는 두 가지 종류로 나눌 수 있다고 본다. 한 종류는 성격, 긍정심리자본 등과 같이 특성(trait)의 영역에 들어가는 심리적인 변인으로 쉽게 고쳐지지 않는 개인의 타고난 성품이나 기질 등과 같은 변수들이며, 다른 종류는 행복감, 만족감 등과 같이 쉽게 변할 수 있는 심리적인 상태(state)의 영역에 들어가는 변수들이다. 따라서 종속변수에 영향을 미치는 설명변수를 1단계에서 인구통계적 변인의 영향력, 2단계에서 특성(trait) 영역에 속하는 변인의 영향력, 3단계에서 상태(state) 영역에 속하는 변인의 영향력을 살펴봄으로써 단계별 각 종류의 영향력이 어떻게 변화되는지를 살펴보는 것이 의미가 있을 수도 있다. 위계적 회귀분석(hierarchical regression analysis)은 이러한 목적에 적절한 분석방법이다.

평화(Peace)에 영향을 미치는 요인들에 해당되는 회귀계수가 단계별로 어떻게 변화하는지를 살펴보기 위하여 1단계에서 교육정도(EDU)와 성별(Gender)을 투입하고, 2단계에서 건강한 몸의 느낌(BF)과 건강한 자기관리(BM)를 투입하고, 3단계에서 행복(Happiness)을 투입하는 경우를 살펴보자.

우선 평화를 설명하기 위하여 1단계에 투입되는 변수는 성별과 교육정도이다. 성별(Gender)의 경우 더미변수로 정의되어 있는 Gender_D 변수가 있고, 교육정도(EDU)의 경우는 1, 2, 3, 4로 코딩이 되어 있다. 교육정도(EDU) 변수를 순위척도(ordinal scale) 또는 등간척도(interval scale)로 볼 수 있기 때문에 연속형 변수로 설정하여도 문제는 없다. 하지만 교육정도를 연속형 변수로 설정하여 평화를 설명하기 위한 설명변수로 투입할 경우, 교육정도의 수준에 따라서 평화가 선형적으로 증가하는 것이 아니기 때문에 교육정도를 연속형 변수로 설정하는 것보다는 교육정도를 각 수준을 나타내는 더미변수로 설정하는 것이 타당하다. 따라서 교육정도(EDU)가 1, 2, 3인 경우를 나타내는 더미변수 EDU_D1, EDU_D2, EDU_D3 변수를 설명변수로 투입하면 교육정도(EDU)가 4인 집단은 비교집단이 되고, 이에 따라서 회귀계수의 의미를 해석하면 된다.

다음 단계로 평화를 설명하기 위해서 투입되는 변수는 건강한 자기관리(BM)와 건강한 몸의 느낌(BF) 변수이다. 이 중 어느 변수를 먼저 투입할지 여부는 관련된 연구에 대한 문헌연구 결과와 해당분야에 대한 연구자의 경험적인 지식을 바탕으로 연구를 진행하는 연구자가 선택할 문제라고 본다. 만일 관련된 연구결과가 없을 경우에는 종속변수에 가장 밀접한 변수를 먼저 투입하는 것이 한 가지 타당한 방법이다.

마지막 단계로 평화를 설명하기 위해서 투입되는 변수는 행복(Happiness)이다. 위와 같이 세 단계로 구성된 위계적 회귀분석을 수행하기 위한 연구문제는 다음과 같다.

연구문제 17 **위계적 회귀분석**

평화(Peace)를 설명하기 위하여 1단계에서 교육정도(EDU)와 성별(Gender)을 투입하고, 2단계에서 건강한 몸의 느낌(BF)과 건강한 자기관리(BM)를 투입하고, 3단계에서 행복(Happiness)을 투입하는 위계적 회귀분석의 결과는 어떠한가?

[JASP 모듈 통계분석 옵션 기능 선택] – **단계별 투입되는 변수의 투입 순서 결정하는 방법**

다음과 같이 설정한다.

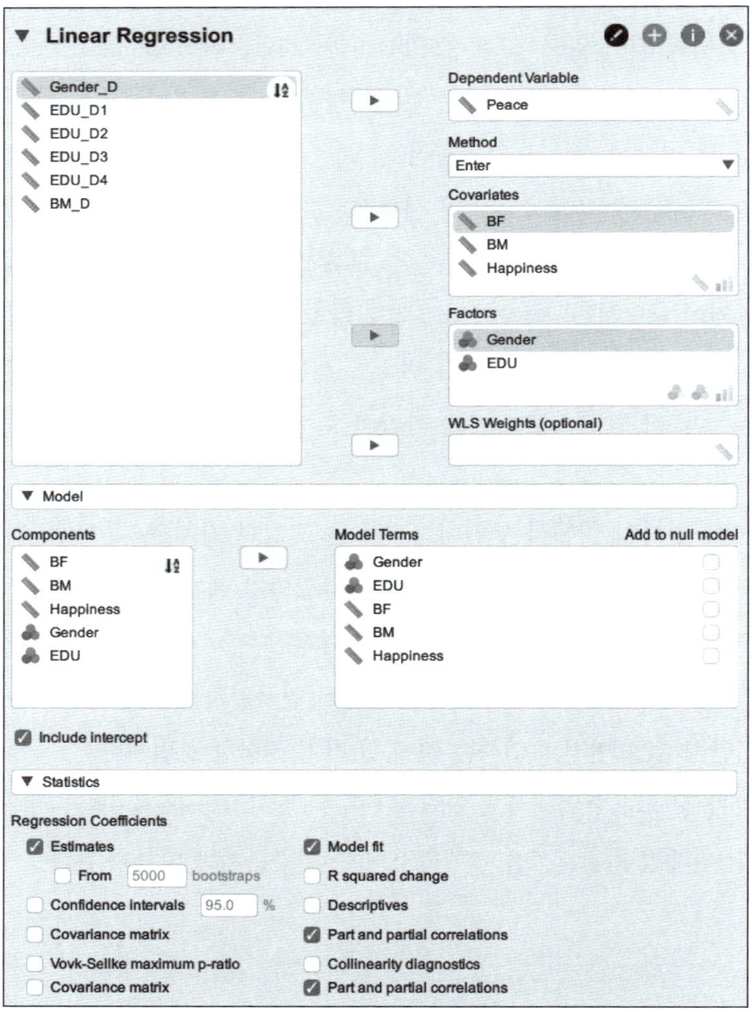

[JASP 분석결과 및 해석]

Linear Regression

Model Summary - Peace

Model	R	R^2	Adjusted R^2	RMSE
H_0	0.000	0.000	0.000	0.674
H_1	0.573	0.328	0.326	0.554

ANOVA

Model		Sum of Squares	df	Mean Square	F	p
H_1	Regression	290.034	7	41.433	135.188	< .001
	Residual	593.971	1938	0.306		
	Total	884.005	1945			

Note. The intercept model is omitted, as no meaningful information can be shown.

Coefficients

Model		Unstandardized	Standard Error	Standardized[a]	t	p
H_0	(Intercept)	3.556	0.015		232.711	< .001
H_1	(Intercept)	1.842	0.075		24.486	< .001
	Gender (1)	−0.074	0.026		−2.835	0.005
	EDU (2)	−0.129	0.044		−2.902	0.004
	EDU (3)	−0.144	0.040		−3.553	< .001
	EDU (4)	0.006	0.054		0.105	0.916
	BF	0.044	0.022	0.050	1.974	0.048
	BM	0.060	0.022	0.070	2.759	0.006
	Happiness	0.433	0.020	0.488	21.221	< .001

[a] Standardized coefficients can only be computed for continuous predictors.

Part And Partial Correlations

Model		Partial	Part
H_1	Gender	0.064	0.053
	EDU	0.107	0.088
	BF	0.045	0.037
	BM	0.063	0.051
	Happiness	0.434	0.395

Note. The intercept model is omitted, as no meaningful information can be shown.

편상관계수는 종속변수를 설명하기 위하여 투입된 설명변수(독립변수) 중 해당 변수를 제외한 나머지 설명변수들이 종속변수와 해당 독립변수에 미치는 영향을 제거한 후 해당 독립변수와 종속변수 간의 순수한 상관관계를 나타내는 값이다. 이를 이용하면 종속변수에 영향을 미치는 독립변수의 영향력을 비교할 수 있다. 독립변수와 종속변수 간의 편상관계수(Partial Correlations)를 살펴보면, 위계적 회귀분석을 위한 3단계 중 1단계에서 투입되는 변수 중 성별(Gender)과 평화(Peace)의 편상관계수는 0.064이고, 교육정도(EDU)와 평화(Peace)의 편상관계수는 0.107로 교육정도가 높다. 이는 평화를 설명하는 설명력이 성별보다는 교육정도가 더 크다는 것을 의미한다. 따라서 1단계에서는 교육정도(EDU), 성별(Gender)의 순으로 변수를 투입하는 것이 적절하다. 또한 위계적 회귀분석을 위한 2단계에서 투입되는 변수 중 건강한 자기관리(BM)의 편상관계수가 0.063으로 건강한 몸의 느낌(BF)의 편상관계수 0.045보다 높게 나타났다. 이는 평화에 미치는 영향력을 비교할 경우 건강한 자기관리(BM)가 건강한 몸의 느낌(BF)보다 크다는 것을 의미한다. 따라서 2단계에서는 건강한 자기관리(BM), 건강한 몸의 느낌(BF)의 순으로 변수를 투입하는 것이 적절하다. 위계적 회귀분석을 위한 3단계에서는 행복(Happiness) 변수 하나만 투입한다.

결론적으로 평화에 대한 위계적 회귀분석은 1단계; 교육정도(EDU), 성별(Gender), 2단계; 건강한 자기관리(BM), 건강한 몸의 느낌(BF), 3단계; 행복(Happiness)을 투입하여 분석하면 된다.

[JASP 모듈 통계분석 옵션 기능 선택] – 위계적 회귀분석 1단계

다음과 같이 설정한다.

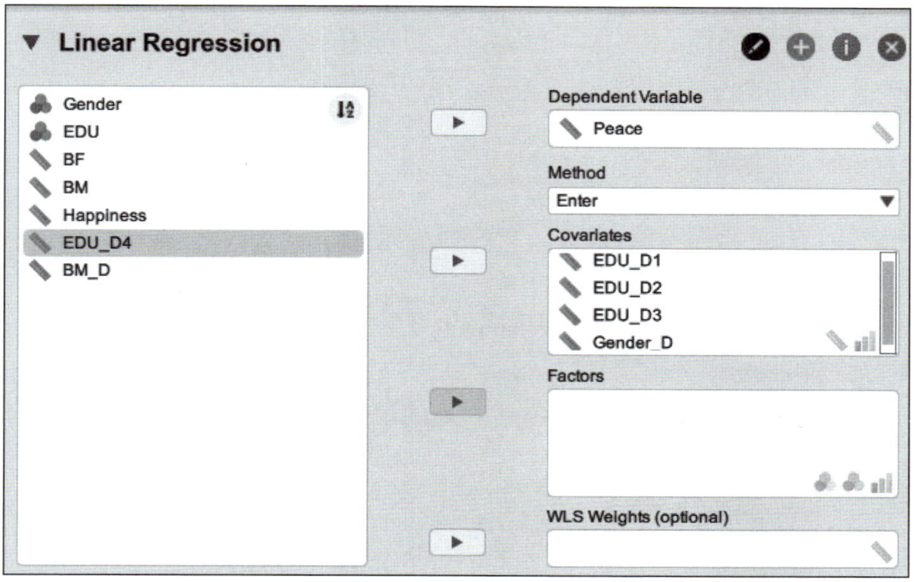

Linear Regression

Model Summary - Peace

Model	R	R^2	Adjusted R^2	RMSE
H_0	0.000	0.000	0.000	0.674
H_1	0.136	0.019	0.016	0.669

ANOVA

Model		Sum of Squares	df	Mean Square	F	p
H_1	Regression	16.365	4	4.091	9.152	< .001
	Residual	867.640	1941	0.447		
	Total	884.005	1945			

Note. The intercept model is omitted, as no meaningful information can be shown.

Coefficients

Model		Unstandardized	Standard Error	Standardized	t	p
H_0	(Intercept)	3.556	0.015		232.711	< .001
H_1	(Intercept)	3.743	0.050		74.980	< .001
	EDU_D1	−0.008	0.065	−0.004	−0.126	0.899
	EDU_D2	−0.210	0.056	−0.134	−3.724	< .001
	EDU_D3	−0.195	0.052	−0.145	−3.774	< .001
	Gender_D	−0.076	0.031	−0.055	−2.424	0.015

[JASP 모듈 통계분석 옵션 기능 선택] – 위계적 회귀분석 2단계

다음과 같이 설정한다.

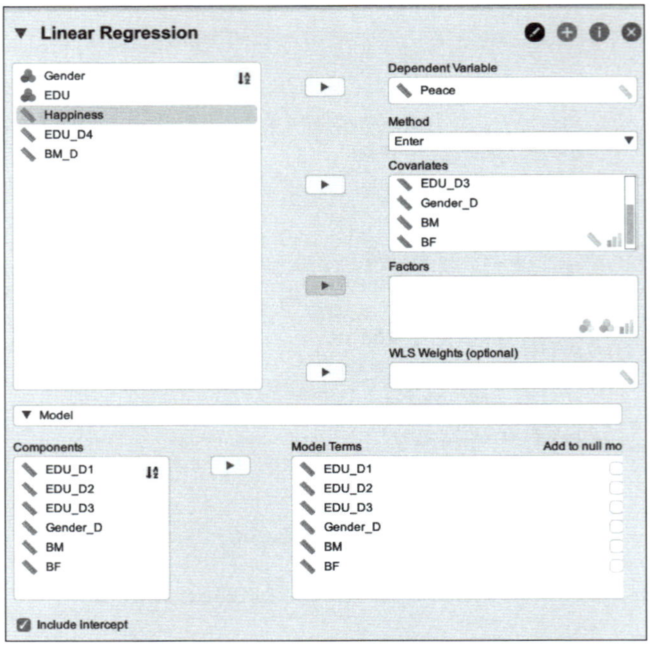

Linear Regression

Model Summary - Peace

Model	R	R²	Adjusted R²	RMSE
H_0	0.000	0.000	0.000	0.674
H_1	0.415	0.172	0.169	0.614

ANOVA

Model		Sum of Squares	df	Mean Square	F	p
H_1	Regression	152.007	6	25.335	67.109	< .001
	Residual	731.997	1939	0.378		
	Total	884.005	1945			

Note. The intercept model is omitted, as no meaningful information can be shown.

Coefficients

Model		Unstandardized	Standard Error	Standardized	t	p
H_0	(Intercept)	3.556	0.015		232.711	< .001
H_1	(Intercept)	2.599	0.076		34.077	< .001
	EDU_D1	−0.067	0.060	−0.033	−1.126	0.260
	EDU_D2	−0.211	0.052	−0.134	−4.065	< .001
	EDU_D3	−0.185	0.048	−0.137	−3.885	< .001
	Gender_D	−0.120	0.029	−0.087	−4.164	< .001
	BM	0.192	0.023	0.224	8.300	< .001
	BF	0.188	0.024	0.212	7.892	< .001

[JASP 모듈 통계분석 옵션 기능 선택] – 위계적 회귀분석 3단계

다음과 같이 설정한다.

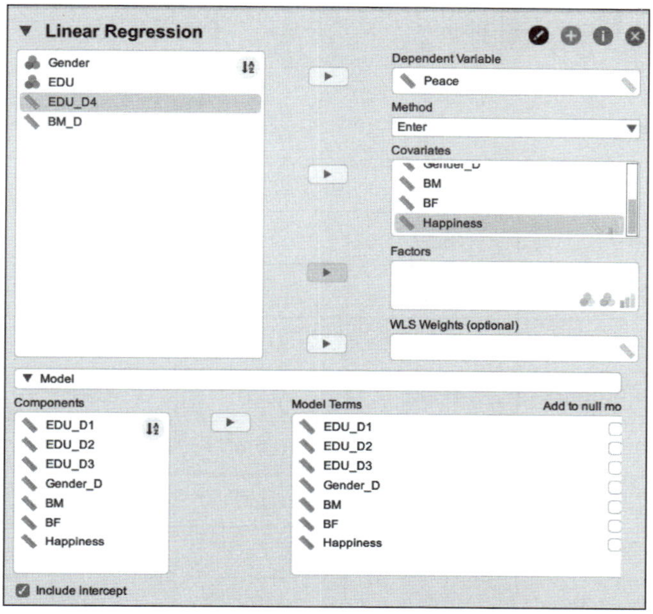

Linear Regression

Model Summary - Peace

Model	R	R^2	Adjusted R^2	RMSE
H_0	0.000	0.000	0.000	0.674
H_1	0.573	0.328	0.326	0.554

ANOVA

Model		Sum of Squares	df	Mean Square	F	p
H_1	Regression	290.034	7	41.433	135.188	< .001
	Residual	593.971	1938	0.306		
	Total	884.005	1945			

Note. The intercept model is omitted, as no meaningful information can be shown.

Coefficients

Model		Unstandardized	Standard Error	Standardized	t	p
H_0	(Intercept)	3.556	0.015		232.711	< .001
H_1	(Intercept)	1.848	0.077		23.899	< .001
	EDU_D1	−0.006	0.054	−0.003	−0.105	0.916
	EDU_D2	−0.135	0.047	−0.086	−2.867	0.004
	EDU_D3	−0.149	0.043	−0.111	−3.485	< .001
	Gender_D	−0.074	0.026	−0.054	−2.835	0.005
	BM	0.060	0.022	0.070	2.759	0.006
	BF	0.044	0.022	0.050	1.974	0.048
	Happiness	0.433	0.020	0.488	21.221	< .001

대부분의 위계적 회귀분석에서는 앞의 1단계, 2단계, 3단계의 분석결과를 보고하는 경우가 많다. 앞의 세 단계 분석결과를 토대로 일반적인 위계적 회귀분석의 단계별 분석결과를 나타내는 표를 작성할 수 있으며, 그 결과는 <표 5-1>과 같다.

〈표 5-1〉 평화에 대한 위계적 회귀분석

		비표준화 계수(B)		
		1단계	2단계	3단계
인구통계적 변인	상수	3.743***	2.599***	1.848***
	[EDU=1] 집단 더미변수	-0.008	-0.067	-0.006
	[EDU=2] 집단 더미변수	-0.210***	-0.211***	-0.135**
	[EDU=3] 집단 더미변수	-0.195***	-0.185***	-0.149***
	성별(Gender) 더미변수	-0.076*	-0.120***	-0.074**
건강관리 변수	건강한 자기관리(BM)		0.192***	0.060**
	건강한 몸의 느낌(BF)		0.188***	0.044*
감정 변수	행복(Happiness)			0.433***
R^2		0.019	0.172	0.328
ΔR^2		-	0.153	0.156
F-값		9.152	67.109	135.188
자유도		(4, 1941)	(6, 1939)	(7, 1938)
유의확률		< .001	< .001	< .001

註) *** p<.001, ** p<.01, * p<.05

<표 5-1>을 살펴보면, 3단계에서 교육정도가 1인 집단에 대한 회귀계수가 통계적으로 유의하지 않게 나타났다. 따라서 최종모형에서 통계적으로 유의하지 않은 변수를 제거한 모형의 결과를 추가적으로 보고할 수가 있으며 그 방법은 다음과 같다.

[JASP 모듈 통계분석 옵션 기능 선택] – 위계적 회귀분석 4단계

다음과 같이 설정한다.

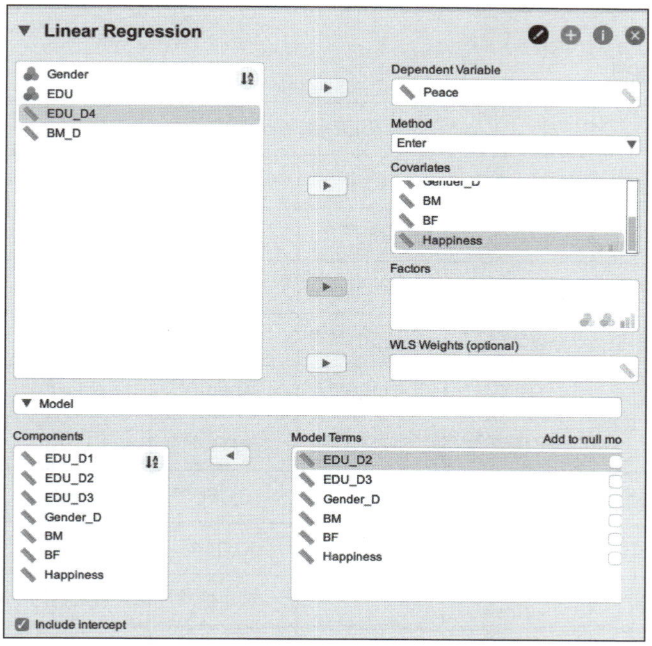

Linear Regression

Model Summary - Peace

Model	R	R^2	Adjusted R^2	RMSE
H_0	0.000	0.000	0.000	0.674
H_1	0.573	0.328	0.326	0.553

ANOVA

Model		Sum of Squares	df	Mean Square	F	p
H_1	Regression	290.030	6	48.338	157.798	< .001
	Residual	593.974	1939	0.306		
	Total	884.005	1945			

Note. The intercept model is omitted, as no meaningful information can be shown.

Coefficients

Model		Unstandardized	Standard Error	Standardized	t	p
H_0	(Intercept)	3.556	0.015		232.711	< .001
H_1	(Intercept)	1.845	0.071		25.883	< .001
	EDU_D2	−0.131	0.037	−0.084	−3.573	< .001
	EDU_D3	−0.146	0.032	−0.108	−4.617	< .001
	Gender_D	−0.073	0.026	−0.053	−2.851	0.004
	BM	0.060	0.022	0.070	2.765	0.006
	BF	0.044	0.022	0.050	1.980	0.048
	Happiness	0.433	0.020	0.488	21.263	< .001

위의 출력결과를 이용하여 <표 5-2>와 같이 위계적 회귀분석의 단계별 분석결과를 표로 작성할 수 있다.

〈표 5-2〉 평화에 대한 위계적 회귀분석

		비표준화 계수(B)			
		1단계	2단계	3단계	4단계
상수		3.743***	2.599***	1.848***	1.845***
인구통계적 변인	[EDU=1] 집단 더미변수	-0.008	-0.067	-0.006	
	[EDU=2] 집단 더미변수	-0.210***	-0.211***	-0.135**	-0.131***
	[EDU=3] 집단 더미변수	-0.195***	-0.185***	-0.149***	-0.146***
	성별(Gender)	-0.076*	-0.120***	-0.074**	-0.073**
건강관리 변수	건강한 자기관리(BM)		0.192***	0.060**	0.060**
	건강한 몸의 느낌(BF)		0.188***	0.044*	0.044*
감정 변수	행복(Happiness)			0.433***	0.433***
R^2		0.019	0.172	0.328	0.328
ΔR^2		-	0.153	0.156	-
F-값		9.152	67.109	135.188	157.798
자유도		(4, 1941)	(6, 1939)	(7, 1938)	(6, 1939)
유의확률		< .001	< .001	< .001	< .001

註) *** p<.001, ** p<.01, * p<.05

6장

실습 예제

예제 데이터 III(Data3.jasp)은 특정 업종에 종사하고 있는 여성 직장인 422명을 대상으로 설문조사한 자료로 혼인상태, 직장경력, 셀프리더십(18 문항), 정서지능(20 문항), 조직몰입(9 문항), 직무만족(14 문항), 업무성과(17 문항)를 조사한 것이다. 셀프리더십(SelF), 정서지능(EmoQ), 조직몰입(OrgE), 직무만족(JobS), 업무성과(Perf)는 Likert 5점 척도(1=전혀 그렇지 않다, 2=그렇지 않다, 3=보통, 4=그렇다, 5=매우 그렇다)로 구성된 문항들의 평균으로 계산되었다. 'Data3.jasp'에 대한 변수명, 변수정의 및 변수설명은 <표 6-1>과 같다.

〈표 6-1〉 실습 데이터 III(Data3)에 대한 변수명, 변수의 형태, 변수정의, 변수설명

변수명	변수의 형태	변수정의	변수설명
Marriage	명목형	혼인상태	1=미혼, 2=기혼
CYear	순서형	직무경력	1=1년 미만, 2=5년 미만, 3=10년 미만, 4=10년 이상
SelfL	연속형	셀프리더십	점수가 높을수록 셀프리더십이 높다
EmoQ	연속형	정서지능	점수가 높을수록 정서지능이 높다
OrgE	연속형	조직몰입	점수가 높을수록 조직몰입이 높다
JobS	연속형	직무만족	점수가 높을수록 직무만족이 높다
Perf	연속형	업무성과	점수가 높을수록 업무성과가 높다
MD_1	순서형	미혼집단 더미변수	1=미혼, 0=기혼
MD_2	순서형	기혼집단 더미변수	1=기혼, 0=미혼
CYD_1	순서형	직무경력1 더미변수	1=직무경력1 집단, 0=기타 집단
CYD_2	순서형	직무경력2 더미변수	1=직무경력2 집단, 0=기타 집단
CYD_3	순서형	직무경력3 더미변수	1=직무경력3 집단, 0=기타 집단
CYD_4	순서형	직무경력4 더미변수	1=직무경력4 집단, 0=기타 집단

실습 문제 1

01 독립성 검정

혼인상태와 직무경력은 서로 관계가 있는지 여부를 검증하시오.

[JASP 모듈 통계분석 옵션 기능 선택] 다음과 같이 설정한다.

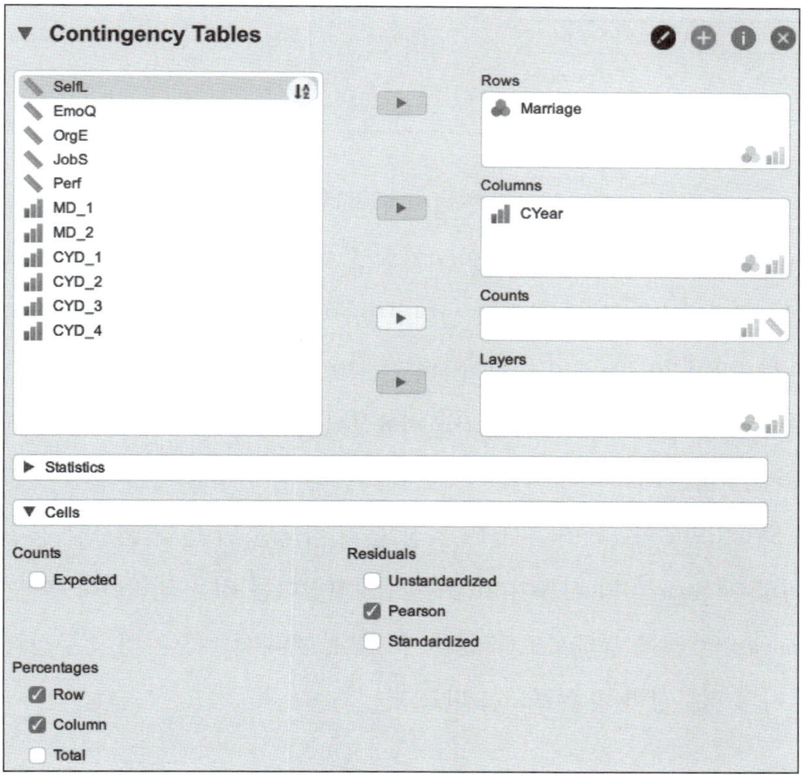

[JASP 분석결과 및 해석]

Contingency Tables

Contingency Tables

Marriage		CYear 1	2	3	4	Total
1	Count	66.000	183.000	46.000	28.000	323.000
	% within row	20.433 %	56.656 %	14.241 %	8.669 %	100.000 %
	% within column	100.000 %	95.812 %	67.647 %	28.866 %	76.540 %
	Pearson residuals	2.178	3.044	−0.838	−5.367	
2	Count	0.000	8.000	22.000	69.000	99.000
	% within row	0.000 %	8.081 %	22.222 %	69.697 %	100.000 %
	% within column	0.000 %	4.188 %	32.353 %	71.134 %	23.460 %
	Pearson residuals	−3.935	−5.499	1.514	9.694	
Total	Count	66.000	191.000	68.000	97.000	422.000
	% within row	15.640 %	45.261 %	16.114 %	22.986 %	100.000 %
	% within column	100.000 %	100.000 %	100.000 %	100.000 %	100.000 %

Chi-Squared Tests

	Value	df	p
X^2	185.508	3	< .001
N	422		

혼인상태(Marriage)와 직무경력(CYear)이 독립이라는 귀무가설에 대한 유의확률이 0.001보다 작게 나타났다. 따라서 귀무가설은 기각된다. 이는 혼인상태와 직무경력은 관계가 있다는 의미이다. 이를 좀 더 자세히 살펴보면, 미혼(Marriage=1)인 경우 직무경력별 비율은 1년 미만이 20.4%, 5년 미만이 56.7%, 10년 미만이 14.2%, 10년 이상이 8.7%인 반면에, 기혼인 경우의 직무경력별 비율은 1년 미만이 0%, 5년 미만이 8.1%, 10년 미만이 22.2%, 10년 이상이 69.7%로 나타났다. 또한 미혼자일 경우 직무경력이 1년 이상 5년 미만(CYear=2)의 비율이 가장 높게 나타난 반면, 기혼자일 경우 직무경력 10년 이상자(CYear=4)의 비율이 가장 높게 나타났다는 것을 의미한다. 이는 Pearson 잔차(residuals)의 값을 통해서도 확인할 수 있다. 따라서 미혼자의 직무경력별 분포도와 기혼자의 직무경력 별 분포도는 다르다.

실습 문제 2

02 독립표본 t-검정

혼인상태에 따라서 업무성과가 다른지를 검증하시오.

[JASP 모듈 통계분석 옵션 기능 선택] 다음과 같이 설정한다.

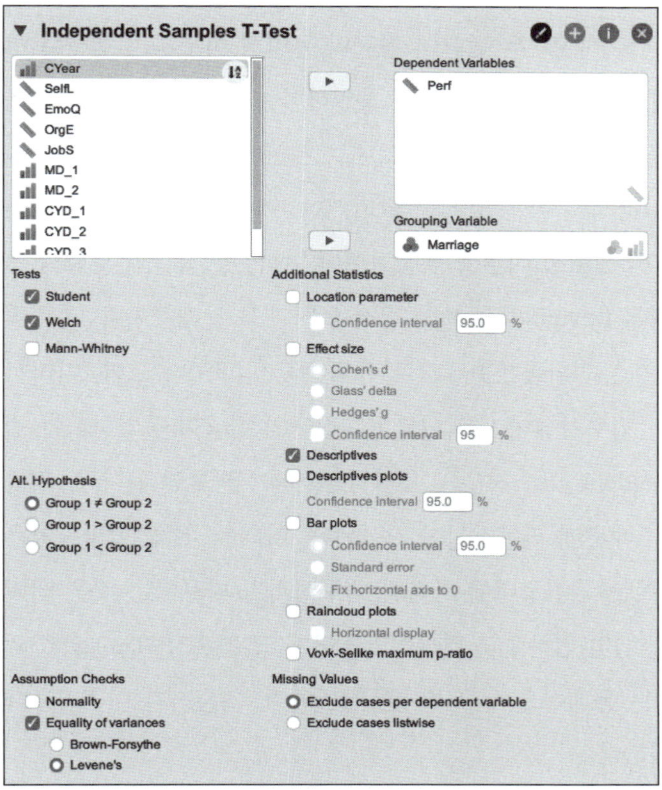

[JASP 분석결과 및 해석]

Independent Samples T-Test

Independent Samples T-Test

	Test	Statistic	df	p
Perf	Student	−8.029	420.000	< .001
	Welch	−7.368	144.047	< .001

Assumption Checks

Test of Equality of Variances (Levene's)

	F	df_1	df_2	p
Perf	1.005	1	420	0.317

Descriptives

Group Descriptives

	Group	N	Mean	SD	SE	Coefficient of variation
Perf	1	323	3.488	0.405	0.023	0.116
	2	99	3.877	0.476	0.048	0.123

독립표본 t-검정(또는 이표본 t-검정)은 두 집단의 평균의 동일성 여부를 검정하는 방법이다. 검정통계량인 t-통계량은 두 집단의 평균이 동일하다는 귀무가설이 참이라는 전제에서 두 집단의 표본평균의 차에 대한 분포를 토대로 계산되는 값으로 두 집단의 분산이 동일한지 아닌지에 따라서 구하는 공식이 달라진다. 따라서 t-통계량을 구하기 전에 우선 두 집단의 분산의 동일성 여부를 검정하여야 한다. 두 집단의 분산의 동일성 여부를 검정하는 통계량은 Levene의 등분산 검정을 위한 F-통계량이다. 출력결과를 살펴보면, 등분산 검정의 유의확률은 0.317로 유의수준 0.05보다 크다. 따라서 두 집단의 분산이 동일하다는 귀무가설이 채택되고, 두 집단의 평균이 동일하다는 귀무가설에 대한 유의확률은 Student Test 경우의 유의확률(<.001)을 보면 된다. 유의확률이 유의수준 0.05보다 작기 때문에 귀무가설이 기각된다. 따라서 두 집단의 평균은 동일하지 않다고 판단한다. 이는 혼인상태에 따라서 업무성과가 다르다는 것을 의미하는 것으로, 미혼자(Marriage=1)의 업무성과 평균이 3.488이고, 기혼자(Marriage=2)의 업무성과가 3.877로 이 차이는 통계적으로 유의미한 차이이며, 기혼자가 미혼자보다 업무성과가 높다는 것을 의미한다.

실습 문제 3

03 매개효과 분석

셀프리더십과 업무성과의 관계에 있어서 정서지능의 매개효과를 검증하시오.

위의 문제는 다음과 같은 매개모형을 검증하는 것이다.

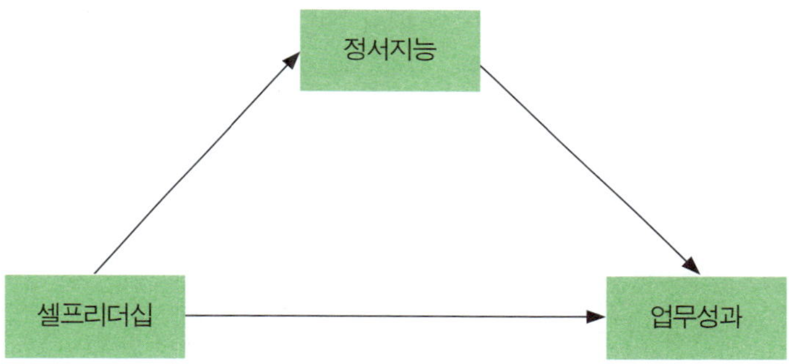

[그림 6-1] 정서지능의 매개효과

Baron & Kenny 방법에 의한 매개효과 검증은 다음과 같은 세 가지 단계로 이루어진다.

1단계: 셀프리더십과 정서지능의 관계에 대한 단순회귀모형

2단계: 셀프리더십과 업무성과의 관계에 대한 단순회귀모형

3단계: 정서지능과 셀프리더십을 설명변수로 하는 업무성과에 대한 다중회귀모형

[JASP 모듈 통계분석 옵션 기능 선택]

다음과 같이 설정한다.

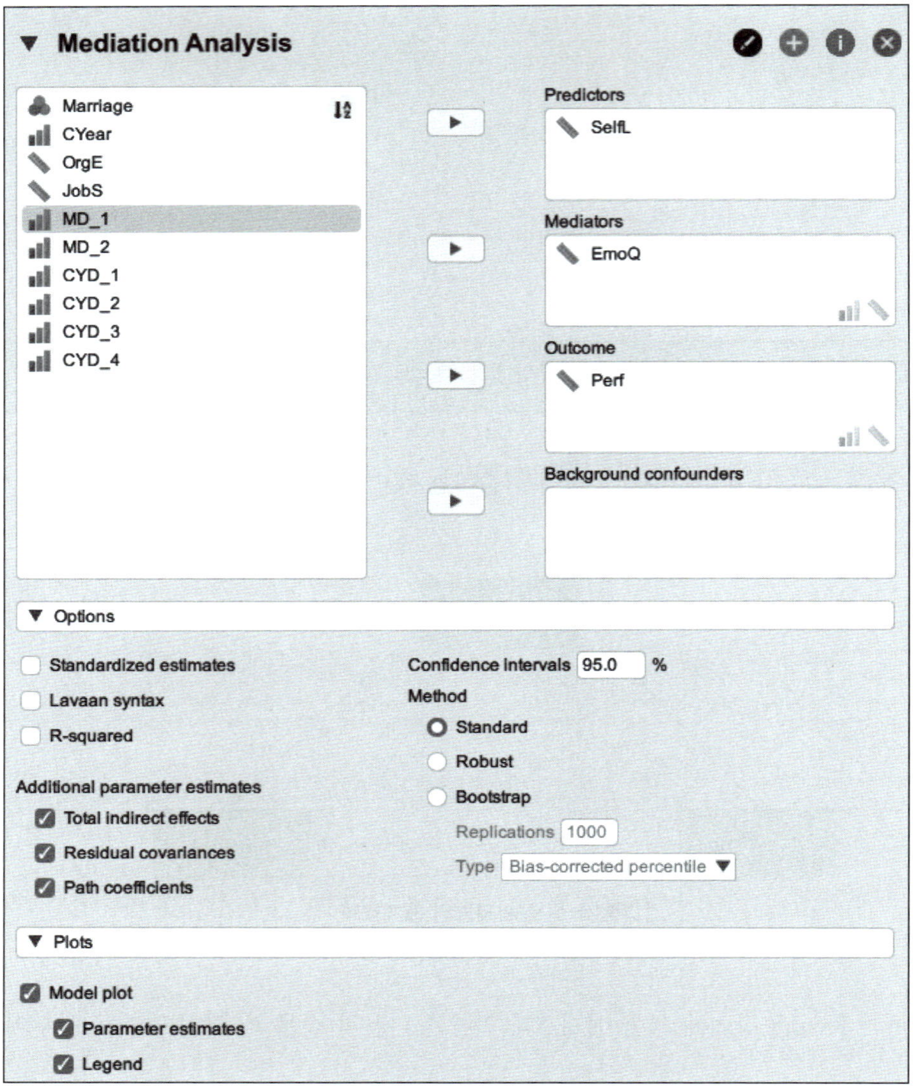

[JASP 분석결과 및 해석]

Mediation Analysis

Parameter estimates

Direct effects

			Estimate	Std. Error	z-value	p	95% Confidence Interval Lower	Upper
SelfL	→	Perf	0.398	0.050	7.998	< .001	0.300	0.495

Note. Delta method standard errors, normal theory confidence intervals, ML estimator.

Indirect effects

					Estimate	Std. Error	z-value	p	95% Confidence Interval Lower	Upper
SelfL	→	EmoQ	→	Perf	0.167	0.028	5.965	< .001	0.112	0.221

Note. Delta method standard errors, normal theory confidence intervals, ML estimator.

Total effects

			Estimate	Std. Error	z-value	p	95% Confidence Interval Lower	Upper
SelfL	→	Perf	0.564	0.052	10.938	< .001	0.463	0.665

Note. Delta method standard errors, normal theory confidence intervals, ML estimator.

Path coefficients

			Estimate	Std. Error	z-value	p	95% Confidence Interval Lower	Upper
EmoQ	→	Perf	0.504	0.052	9.687	< .001	0.402	0.605
SelfL	→	Perf	0.398	0.050	7.998	< .001	0.300	0.495
SelfL	→	EmoQ	0.331	0.044	7.571	< .001	0.245	0.416

Note. Delta method standard errors, normal theory confidence intervals, ML estimator.

1단계 셀프리더십과 정서지능의 단순회귀모형($EmoQ = f_1 + a \cdot SelfL + \varepsilon$)

경로계수(Path coefficients)를 살펴보면 셀프리더십(SelfL)을 설명변수로 하는 정서지능(EmoQ)에 대한 단순선형회귀모형의 경로계수(비표준화 계수 B)의 추정 값(Estimate)은 0.331이고, 그에 대한 표준오차(Std. Error)는 0.044이며, 유의확률은 <.001로 경로계수의 유의성이 있다는 것을 알 수 있다.

2단계 **셀프리더십과 업무성과의 단순회귀모형**($Perf = f_2 + b \cdot SelfL + \varepsilon$)

셀프리더십(SelfL)을 설명변수로 하는 업무성과(Perf)에 대한 단순선형회귀모형의 경로계수(비표준화 계수 B)의 추정 값(Estimate)은 독립변수가 종속변수에 미치는 전체 효과(Total effects)를 살펴보아야 한다. 전체 효과(Total effects)를 살펴보면 셀프리더십(SelfL)을 설명변수로 하는 업무성과(Perf)에 대한 단순선형회귀모형의 경로계수(비표준화 계수 B)의 추정 값(Estimate)은 0.564이고, 그에 대한 표준오차(Std. Error)는 0.052이며, 유의확률은 <.001로 경로계수의 유의성이 있다는 것을 알 수 있다. 여기서 매개효과 분석의 궁극적 목적이 독립변수와 종속변수의 관계에서 제 삼의 변수인 매개변수가 완전매개변수 역할을 하는지 또는 부분매개변수 역할을 하는지를 판단하는 것이라는 것을 상기할 필요가 있다. 2단계는 제 삼의 변수인 매개변수가 개입되기 전에 독립변수와 종속변수 간의 관계를 분석하는 단계이다.

3단계 **정서지능과 셀프리더십을 설명변수로 하는 업무성과에 대한 다중회귀모형** ($Perf = f_3 + c \cdot EmoQ + d \cdot SelfL + \varepsilon$)

정서지능(EmoQ)과 셀프리더십(SelfL)을 설명변수로 하는 업무성과(Perf)에 대한 다중선형회귀모형에 대한 결과는 경로계수(Path coefficients)를 보면 된다. 회귀계수 c에 대한 추정 값은 0.504이고, 그에 대한 표준오차는 0.052로 나타났으며, 회귀계수 d에 대한 추정 값은 0.398이고, 그에 대한 표준오차는 0.050으로 나타났다.

매개효과 검증을 위한 세 가지 단계의 회귀분석 결과들을 정리하면 <표 6-2>와 같다.

〈표 6-2〉 셀프리더십과 업무성과의 관계 – 정서지능의 매개효과

단계	모형	회귀계수 B		표준오차	
1	셀프리더십 -> 정서지능	a	0.331	s_a	0.044
2	셀프리더십 -> 업무성과	b	0.564	s_b	0.052
3	(정서지능, 셀프리더십) -> 업무성과	c	0.504	s_c	0.052
		d	0.398	s_d	0.050

<표 6-2>를 살펴보면, 독립변수인 셀프리더십(SelfL)이 종속변수인 업무성과(Perf)

에 미치는 총 효과(Total effects)(b=0.564)는 셀프리더십(SelfL)이 업무성과(Perf)에 직접적으로 영향을 미치는 직접효과(Direct effects)(d=0.398)와 매개변수인 정서지능(EmoQ)을 매개로 하여 간접적으로 영향을 미치는 간접효과(Indirect effects)(a·c=0.331×0.504=0.167)로 분해되는 것을 확인할 수 있다.

다음 단계로, 셀프리더십(SelfL)이 업무성과(Perf)에 미치는 간접효과의 유의성을 살펴보기 위한 검정통계량 Z_0을 다음과 같이 구할 수 있다.

$$Z_0 = \frac{a \cdot c}{\sqrt{c^2 s_a^2 + a^2 s_c^2}} = \frac{0.331 \times 0.504}{\sqrt{0.504^2 \times 0.044^2 + 0.331^2 \times 0.052^2}} = 5.97$$

검정통계량 Z_0의 값이 5.97로 1.96보다 매우 크기 때문에, 매개효과가 없다는 귀무가설은 기각이 된다. 매개효과의 유의성은 간접효과(Indirect effects)의 유의확률(<.001)을 통해서도 확인할 수 있다. 따라서 셀프리더십(SelfL)이 업무성과(Perf)의 관계에서 정서지능은 매개변수 역할을 한다는 것이 입증되었다.

독립변수인 셀프리더십(SelfL)과 종속변수인 업무성과(Perf)의 관계에서 정서지능의 매개변수 역할을 검증한 결과 정서지능은 부분매개변수 역할을 하는 것으로 나타났다. 이러한 관계를 그림으로 나타내면 다음과 같다.

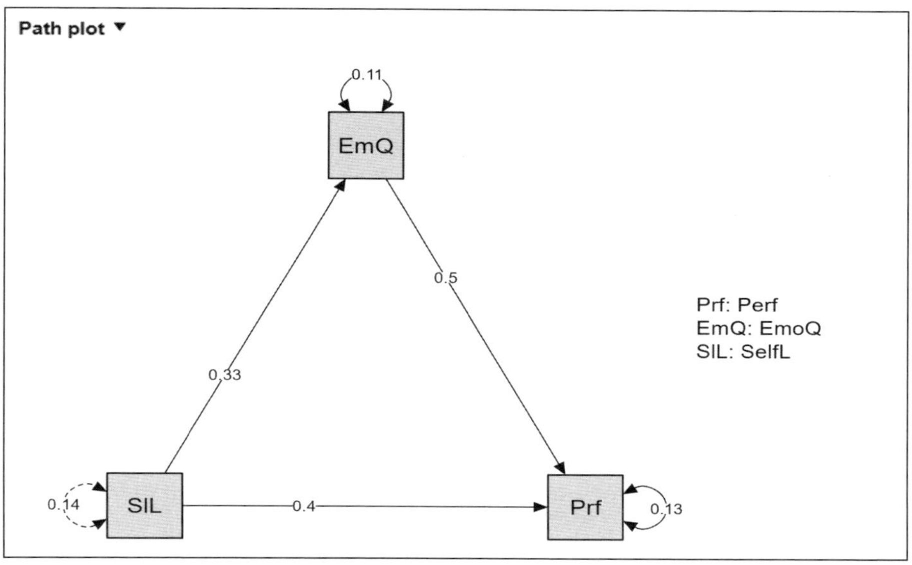

실습 문제 4

04 조절효과 분석

정서지능이 업무성과에 영향을 미치는 관계에서 혼인상태의 조절효과를 검증하시오.

[JASP 모듈 통계분석 옵션 기능 선택] 다음과 같이 설정한다.

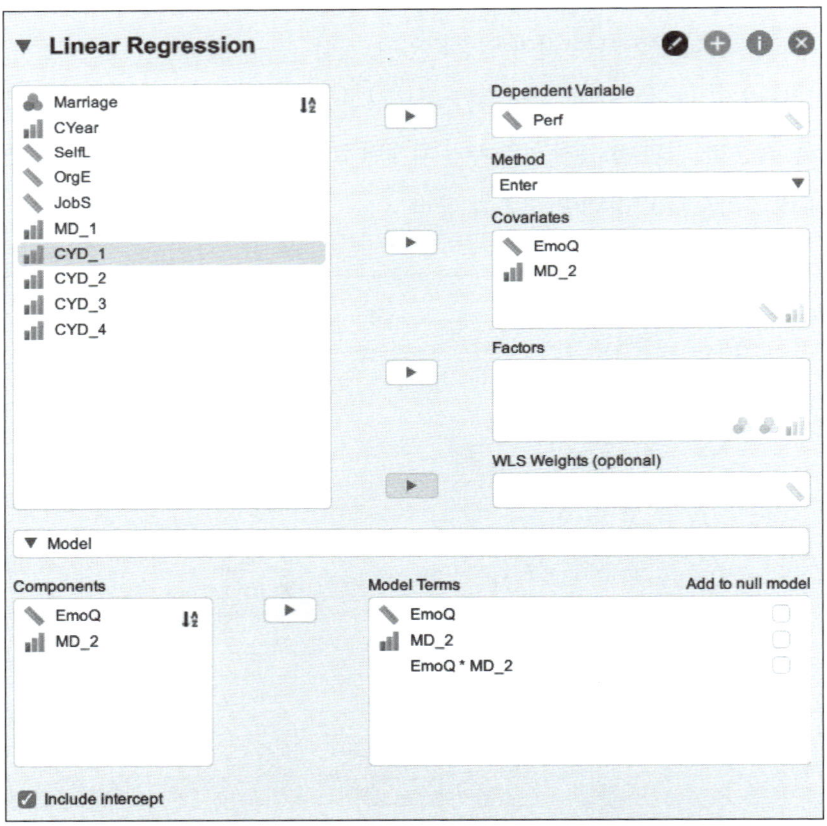

[JASP 분석결과 및 해석]

Linear Regression

Model Summary - Perf

Model	R	R²	Adjusted R²	RMSE
H_0	0.000	0.000	0.000	0.453
H_1	0.585	0.343	0.338	0.369

ANOVA

Model		Sum of Squares	df	Mean Square	F	p
H_1	Regression	29.630	3	9.877	72.642	< .001
	Residual	56.832	418	0.136		
	Total	86.462	421			

Note. The intercept model is omitted, as no meaningful information can be shown.

Coefficients

Model		Unstandardized	Standard Error	Standardized	t	p
H_0	(Intercept)	3.579	0.022		162.245	< .001
H_1	(Intercept)	1.775	0.211		8.399	< .001
	EmoQ	0.485	0.060	0.387	8.140	< .001
	MD_2	−0.933	0.428	−0.873	−2.178	0.030
	EmoQ ∗ MD_2	0.330	0.116	1.156	2.841	0.005

회귀계수(Coefficients) 출력결과를 활용하여 혼인상태에 따른 업무성과(Perf)의 추정 회귀식을 작성할 수 있다. 기준 집단인 미혼자([Marriage=1.00], MD_2=0)인 경우의 업무성과는

$$\text{Perf} = 1.775 + 0.485 \times \text{EmoQ}$$

로 추정되고, 기혼자([Marriage=2.00], MD_2=1)인 경우의 업무성과는

$$\begin{aligned}\text{Perf} &= 1.775 + 0.485 \times \text{EmoQ} - 0.933 + 0.330 \times \text{EmoQ} \\ &= 0.842 + 0.815 \times \text{EmoQ}\end{aligned}$$

로 추정된다. 이는 미혼자의 경우 정서지능이 1점 증가할 때 업무성과는 0.485점 증가하는 것에 비하여, 기혼자의 경우에는 정서지능이 1점 증가할 때 업무성과는 0.815점 증가하는 것으로, 정서지능이 업무성과에 미치는 영향력이 미혼자 보다 기혼자가 더 크다는 것을 의미한다.

실습 문제 5

05 위계적 회귀분석

결혼상태, 직무경력, 셀프리더십, 정서지능, 조직몰입, 직무만족이 업무성과에 영향을 미치는 단계별 변화를 살펴보기 위하여 위계적 회귀분석을 아래와 같은 단계로 설정하고 분석하시오.

1단계: 결혼상태, 직무경력
2단계: 셀프리더십
3단계: 정서지능, 조직몰입
4단계: 직무만족
5단계: 유의미하게 영향을 미치는 설명변수들만 포함된 모형

지금까지 다룬 내용을 잘 이해하고 있는 독자는 실습 문제 5의 분석결과를 어렵지 않게 얻을 수 있다고 본다. 각 단계에 맞는 JASP 분석결과는 다음과 같다.

[JASP 분석결과]

1단계 분석결과:

Linear Regression

Model Summary - Perf

Model	R	R^2	Adjusted R^2	RMSE
H_0	0.000	0.000	0.000	0.453
H_1	0.515	0.265	0.258	0.390

ANOVA

Model		Sum of Squares	df	Mean Square	F	p
H_1	Regression	22.930	4	5.732	37.625	< .001
	Residual	63.533	417	0.152		
	Total	86.462	421			

Note. The intercept model is omitted, as no meaningful information can be shown.

Coefficients

Model		Unstandardized	Standard Error	Standardized	t	p
H_0	(Intercept)	3.579	0.022		162.245	< .001
H_1	(Intercept)	3.861	0.058		66.343	< .001
	MD_2	0.105	0.060	0.099	1.758	0.079
	CYD_1	−0.652	0.075	−0.523	−8.643	< .001
	CYD_2	−0.355	0.063	−0.391	−5.632	< .001
	CYD_3	−0.269	0.066	−0.218	−4.072	< .001

2단계 분석결과:

Linear Regression

Model Summary - Perf

Model	R	R^2	Adjusted R^2	RMSE
H_0	0.000	0.000	0.000	0.453
H_1	0.645	0.416	0.409	0.348

ANOVA

Model		Sum of Squares	df	Mean Square	F	p
H_1	Regression	35.997	5	7.199	59.347	< .001
	Residual	50.465	416	0.121		
	Total	86.462	421			

Note. The intercept model is omitted, as no meaningful information can be shown.

Coefficients

Model		Unstandardized	Standard Error	Standardized	t	p
H_0	(Intercept)	3.579	0.022		162.245	< .001
H_1	(Intercept)	2.150	0.173		12.436	< .001
	MD_2	0.087	0.053	0.082	1.632	0.103
	CYD_1	−0.586	0.068	−0.471	−8.670	< .001
	CYD_2	−0.270	0.057	−0.297	−4.754	< .001
	CYD_3	−0.218	0.059	−0.177	−3.698	< .001
	SelfL	0.478	0.046	0.398	10.379	< .001

3단계 분석결과:

Linear Regression

Model Summary - Perf

Model	R	R^2	Adjusted R^2	RMSE
H_0	0.000	0.000	0.000	0.453
H_1	0.725	0.526	0.518	0.315

ANOVA

Model		Sum of Squares	df	Mean Square	F	p
H_1	Regression	45.493	7	6.499	65.672	< .001
	Residual	40.970	414	0.099		
	Total	86.462	421			

Note. The intercept model is omitted, as no meaningful information can be shown.

Coefficients

Model		Unstandardized	Standard Error	Standardized	t	p
H_0	(Intercept)	3.579	0.022		162.245	< .001
H_1	(Intercept)	0.946	0.199		4.747	< .001
	MD_2	0.021	0.049	0.019	0.425	0.671
	CYD_1	−0.539	0.061	−0.432	−8.794	< .001
	CYD_2	−0.211	0.052	−0.233	−4.065	< .001
	CYD_3	−0.146	0.054	−0.118	−2.697	0.007
	SelfL	0.310	0.045	0.258	6.825	< .001
	EmoQ	0.402	0.047	0.321	8.629	< .001
	OrgE	0.111	0.030	0.141	3.667	< .001

4단계 분석결과:

Linear Regression

Model Summary - Perf

Model	R	R^2	Adjusted R^2	RMSE
H_0	0.000	0.000	0.000	0.453
H_1	0.735	0.541	0.532	0.310

ANOVA

Model		Sum of Squares	df	Mean Square	F	p
H_1	Regression	46.763	8	5.845	60.812	< .001
	Residual	39.699	413	0.096		
	Total	86.462	421			

Note. The intercept model is omitted, as no meaningful information can be shown.

Coefficients

Model		Unstandardized	Standard Error	Standardized	t	p
H_0	(Intercept)	3.579	0.022		162.245	< .001
H_1	(Intercept)	0.792	0.201		3.939	< .001
	MD_2	0.028	0.048	0.026	0.575	0.566
	CYD_1	−0.558	0.061	−0.448	−9.209	< .001
	CYD_2	−0.233	0.052	−0.256	−4.511	< .001
	CYD_3	−0.148	0.053	−0.120	−2.787	0.006
	SelfL	0.294	0.045	0.245	6.545	< .001
	EmoQ	0.379	0.046	0.302	8.163	< .001
	OrgE	0.024	0.038	0.031	0.635	0.526
	JobS	0.185	0.051	0.168	3.636	< .001

5단계 분석결과:

Linear Regression

Model Summary - Perf

Model	R	R^2	Adjusted R^2	RMSE
H_0	0.000	0.000	0.000	0.453
H_1	0.735	0.540	0.533	0.310

ANOVA

Model		Sum of Squares	df	Mean Square	F	p
H_1	Regression	46.684	6	7.781	81.173	< .001
	Residual	39.779	415	0.096		
	Total	86.462	421			

Note. The intercept model is omitted, as no meaningful information can be shown.

Coefficients

Model		Unstandardized	Standard Error	Standardized	t	p
H_0	(Intercept)	3.579	0.022		162.245	< .001
H_1	(Intercept)	0.799	0.200		3.993	< .001
	CYD_1	−0.583	0.051	−0.468	−11.545	< .001
	CYD_2	−0.259	0.040	−0.285	−6.470	< .001
	CYD_3	−0.163	0.050	−0.132	−3.264	0.001
	SelfL	0.298	0.044	0.248	6.711	< .001
	EmoQ	0.381	0.046	0.304	8.269	< .001
	JobS	0.206	0.040	0.187	5.204	< .001

앞에서 얻은 JASP 분석결과를 이용하여 다음과 같이 위계적 회귀분석의 단계별 분석결과를 나타내는 <표 6-3>을 작성할 수 있다.

〈표 6-3〉 업무성과에 대한 위계적 회귀분석 결과

		비표준화계수(B)				
		1단계	2단계	3단계	4단계	5단계
상수		3.861***	2.150***	0.946***	0.792***	0.799***
인구통계적 변인	결혼상태 기혼 더미변수	0.105	0.087	0.021	0.028	-
	미혼	-	-	-	-	-
	직무경력 1년 미만 더미	-0.652***	-0.586***	-0.539***	-0.558***	-0.583***
	5년 미만	-0.355***	-0.270***	-0.211***	-0.233***	-0.259***
	10년 미만	-0.269***	-0.218***	-0.146**	-0.148***	-0.163***
	10년 이상	-	-	-	-	-
2단계 변수	셀프리더십		0.478***	0.310***	0.294***	0.298***
3단계 변수	정서지능			0.402***	0.379***	0.381***
	조직몰입			0.111***	0.024	-
감정 변수	직무만족				0.185***	0.206***
R^2		0.265	0.416	0.526	0.541	0.540
ΔR^2		-	0.151	0.110	0.015	-0.001
F-값		37.625	59.347	65.672	60.812	81.173
자유도		(4, 417)	(5, 416)	(7, 414)	(8, 413)	(6, 415)
유의확률		<.001	<.001	<.001	<.001	〈.001

註) *** p<.001, ** p<.01, * p<.05

실습 문제 6

06 교란변수의 효과를 제거한 매개효과 분석

셀프리더십이 정서지능, 조직몰입, 업무성과에 미치는 효과를 제거한 후 정서지능과 업무성과의 관계에 있어서 조직몰입의 매개효과를 검증하시오.

[실습 문제 6]은 [실습 문제 3]의 고급 버전이다. [실습 문제 3]에서는 연구자가 설정한 독립변수, 매개변수, 종속변수의 관계만을 다루고 있다. 하지만 많은 경우에 연구자가 설정한 독립변수, 매개변수, 종속변수에 공통적으로 영향을 미치는 변수가 있다면 그 변수가 미치는 영향력을 제거한 후 독립변수와 종속변수의 관계를 매개하는 매개변수의 효과를 검증하여야 한다. 이때 독립변수, 매개변수, 종속변수에 공통적으로 영향을 미치는 변수를 교란변수(confounders, confounding variables)라고 부른다.

[JASP 모듈 통계분석 옵션 기능 선택] – 교란변수의 효과를 제거한 매개효과 분석

다음과 같이 설정한다.

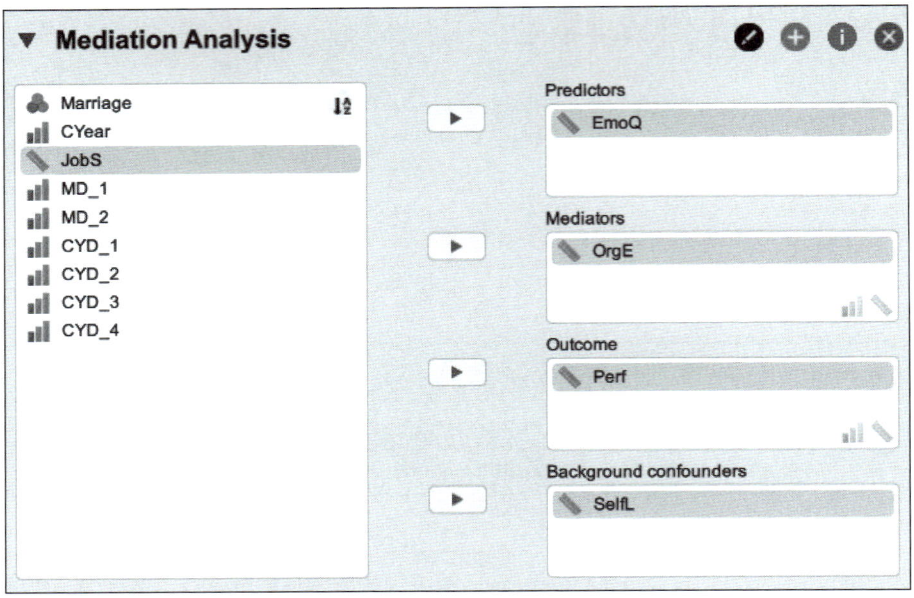

[JASP 분석결과 및 해석]

Mediation Analysis

Parameter estimates

Direct effects

							95% Confidence Interval	
			Estimate	Std. Error	z-value	p	Lower	Upper
EmoQ	→	Perf	0.468	0.051	9.079	< .001	0.367	0.568

Note. Delta method standard errors, normal theory confidence intervals, ML estimator.

Indirect effects

									95% Confidence Interval	
					Estimate	Std. Error	z-value	p	Lower	Upper
EmoQ	→	OrgE	→	Perf	0.036	0.014	2.646	0.008	0.009	0.063

Note. Delta method standard errors, normal theory confidence intervals, ML estimator.

Total effects

			Estimate	Std. Error	z-value	p	95% Confidence Interval Lower	Upper
EmoQ	→	Perf	0.504	0.052	9.687	< .001	0.402	0.605

Note. Delta method standard errors, normal theory confidence intervals, ML estimator.

Path coefficients

			Estimate	Std. Error	z-value	p	95% Confidence Interval Lower	Upper
OrgE	→	Perf	0.143	0.033	4.380	< .001	0.079	0.206
EmoQ	→	Perf	0.468	0.051	9.079	< .001	0.367	0.568
EmoQ	→	OrgE	0.252	0.076	3.321	< .001	0.103	0.401
SelfL	→	EmoQ	0.331	0.044	7.571	< .001	0.245	0.416
SelfL	→	OrgE	0.452	0.073	6.214	< .001	0.309	0.594
SelfL	→	Perf	0.333	0.051	6.559	< .001	0.234	0.433

Note. Delta method standard errors, normal theory confidence intervals, ML estimator.

경로계수(Path coefficients) 분석결과를 살펴보면 교란변수 셀프리더십(SelfL)이 독립변수인 정서지능(EmoQ), 매개변수인 조직몰입(OrgE), 종속변수인 업무성과(Perf) 모두에 유의미한 영향을 미치고 있다는 것을 확인할 수 있다. 교란변수인 셀프리더십이 정서지능, 조직몰입, 업무성과에 미치는 영향을 제거하고 정서지능이 조직몰입을 매개로 하여 업무성과에 미치는 매개효과는 0.036이고, 그에 대한 유의확률은 0.008로 유의수준 0.05보다 작게 나타났다. 또한 정서지능(EmoQ)이 업무성과(Perf)에 직접적으로 영향을 미치는 직접효과(Direct effects)는 0.468이고, 그에 대한 유의확률은 <.001로 나타났다. 따라서 조직몰입(OrgE)는 정서지능(EmoQ)과 업무성과(Perf)의 관계를 부분적으로 매개하는 부분매개변수임을 확인할 수 있다.

여기서 마지막으로 강조하고 싶은 것은 본 교재에서 다룬 예제는 JASP에서 통계방법을 사용하고 분석결과를 해석하는 방법에 대한 설명을 위하여 작성한 예제라는 것이다. 실제 현장에서 연구자가 가설을 제시할 경우에는 그에 관계된 이론과 선행연구 결과를 토대로 설정하는 것이 올바른 방법이다.

찾아보기 Index